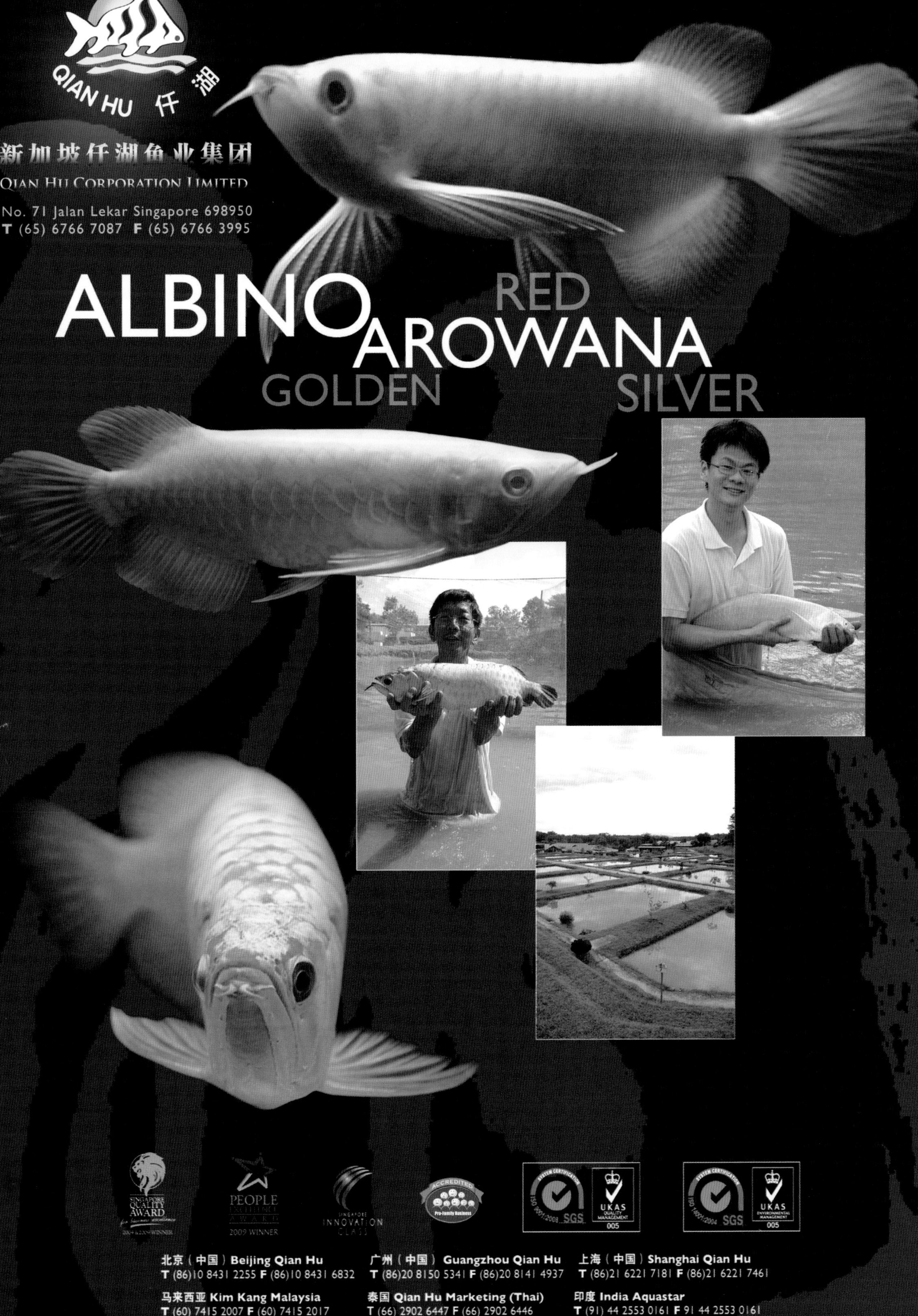
QIAN HU 仟湖
新加坡仟湖鱼业集团
QIAN HU CORPORATION LIMITED
No. 71 Jalan Lekar Singapore 698950
T (65) 6766 7087 F (65) 6766 3995
ALBINO
RED
AROWANA
GOLDEN
SILVER
SINGAPORE QUALITY AWARD
PEOPLE
2009 WINNER
INNOVATION
ACCREDITED
Pro-Family Business
SGS
UKAS
005
北京（中国）Beijing Qian Hu
T (86)10 8431 2255 F (86)10 8431 6832
广州（中国）Guangzhou Qian Hu
T (86)20 8150 5341 F (86)20 8141 4937
上海（中国）Shanghai Qian Hu
T (86)21 6221 7181 F (86)21 6221 7461
马来西亚 Kim Kang Malaysia
T (60) 7415 2007 F (60) 7415 2017
泰国 Qian Hu Marketing (Thai)
T (66) 2902 6447 F (66) 2902 6446
印度 India Aquastar
T (91) 44 2553 0161 F 91 44 2553 0161

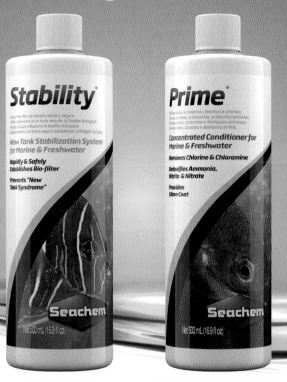

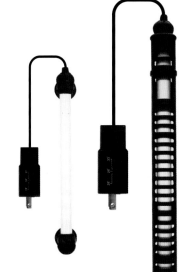

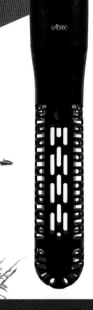

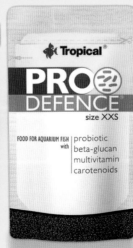

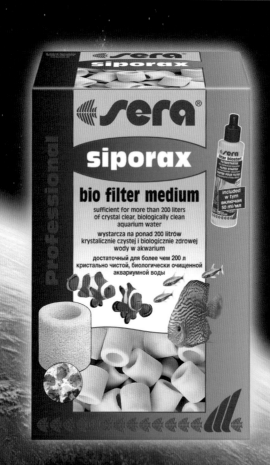

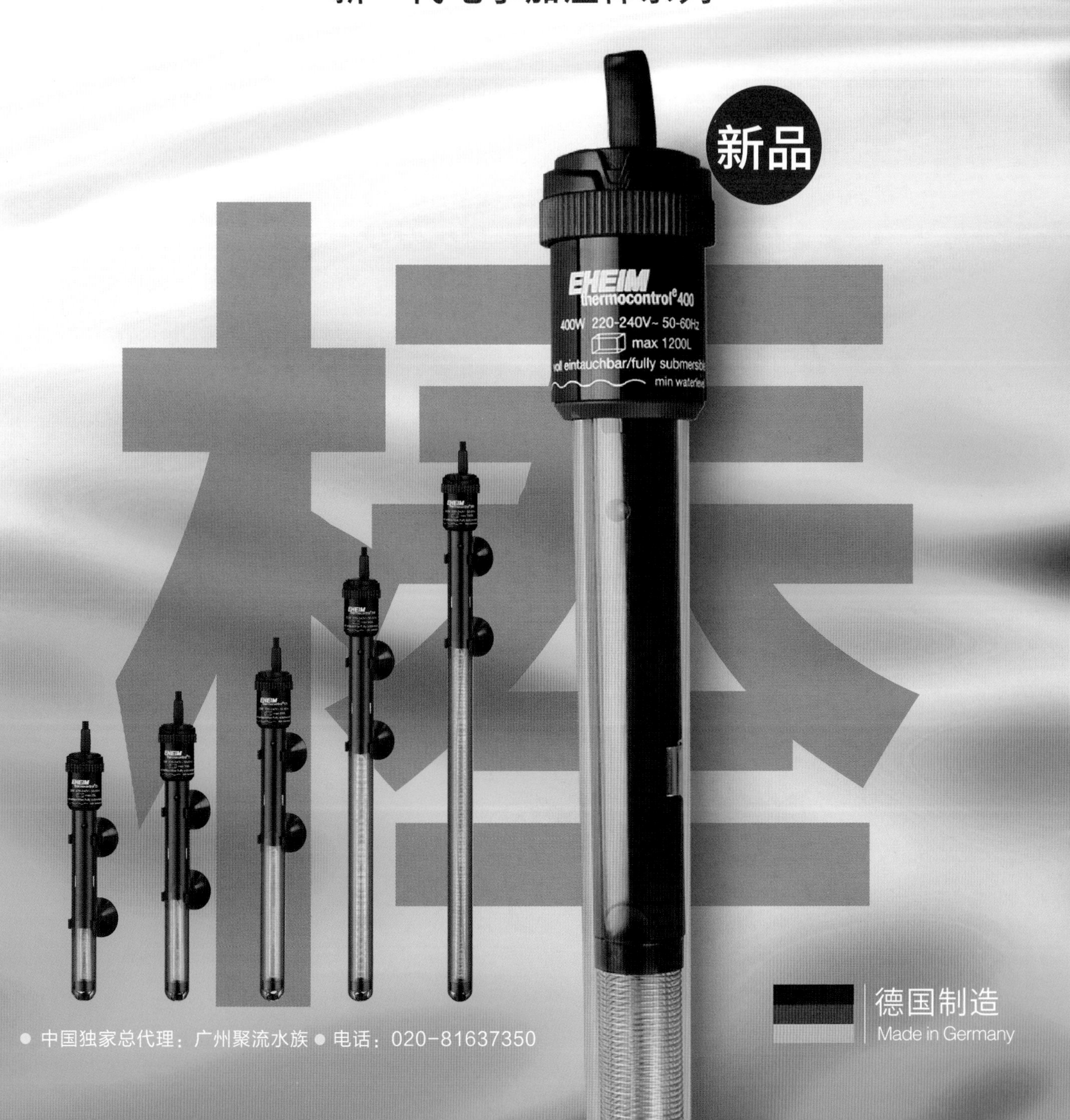
新品
EHEIM
thermocontrol e 400
400W 220-240V~ 50-60Hz
max 1200L
voll eintauchbar/fully submersible
min waterlevel
德国制造
Made in Germany
● 中国独家总代理：广州聚流水族 ● 电话：020-81637350

# 魚中魚貓狗水族寵物大賣場

傳遞幸福與
快樂的美好生活

淡水魚・海水魚・異形・水草・魚缸・水族用品一應俱全
貓・狗・鼠・兔・兩棲爬蟲・寵物用品應有盡有
貓狗活體・寵物美容・住宿・動物醫院・滿足您所有的需求

MORE™
STABILIZER
NITROACTIVE
KH CONDITIONER
NITROACTIVE
NITRIFYING BACTERIA
BLACKWATER
DARK EXTRACT
AQUAVITAL
SYNTHETIC VITAMINS
PS-BACTERIA
PHOTOSYNTHETIC BACTERIA

SLAQUA

SINCE 1989
Multi-Purpose Used
Fish Breeder Box
◆ Safe & Secure nursery for live bearer fish
◆ Ideal for isolating spawning or weak fish
◆ Space saving design
◆ Ideal for holding pregnant females, sick or injured fish and aggressive fish
ipo
安心の産卵ケース-XL
飼育BOX
NEW
Fish Breeder Box
S
M
L
XL
◆ 側邊浮桶式設計，即使不用吸盤固定，也能自浮於水面。
◆ 附活動式隔離座，可讓剛出生之小魚迅速掉落底層、避免被母魚吃掉。
◆ 將隔離座取出，可飼養幼魚、小型魚、鬥魚、受傷或新進的魚隻。
◆ 附上蓋，可防止母魚跳出或其他公魚跳入，影響繁殖生育大計。

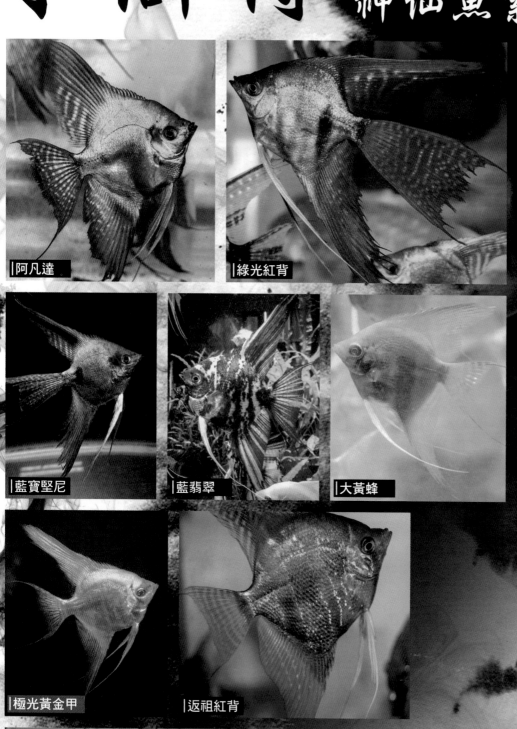

**TGA**

Taiwan Guppy Association

台灣孔雀魚協會

The 20
Wor
W.G.C 歷屆世界杯主辦國
1996: 01. WGC. 大阪/日本
1997: 02. WGC. 紹倫堡/德國
1998: 03. WGC. 密爾沃基/美國
1999: 04. WGC. 里約熱內盧/巴西
2000: 05. WGC. 維也納/奧地利
2001: 06. WGC. 布拉格/捷克
2002: 07. WGC. 紹倫堡/德國
2003: 08. WGC. 桑托斯/巴西
2004: 09. WGC. 密爾沃基/美國
2005: 10. WGC. 台北/台灣
2006: 11. WGC. 布拉格/捷克
2007: 12. WGC. 巴西利亞/巴西
2009: 13. WGC. 費拉拉/意大利
2010: 14. WGC. 貝洛奧里桑塔/巴西
2011: 15. WGC. 波士頓/美國
2013: 16. WGC. 吉隆坡/馬來西亞
2014: 17. WGC. 天津/中國
2015: 18. WGC. 佛羅里達/美國
2016: 19. WGC. 維也納/奧地利
ANA TAIWAN
OAAT
Taiwan Guppy Association
台灣孔雀魚協會

QUEENSBAY MALL PENANG

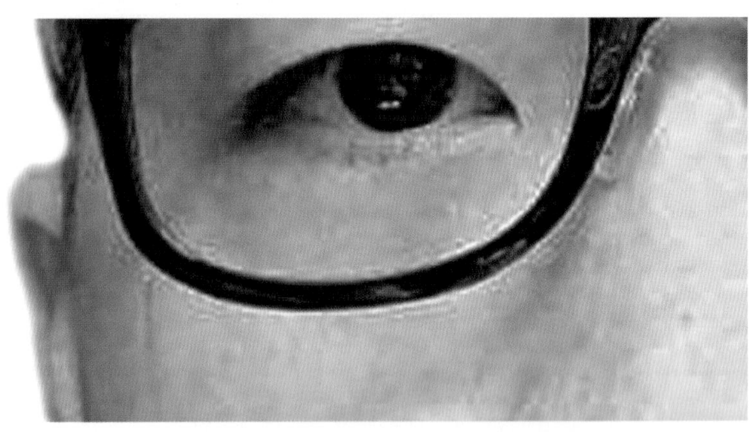

Reptile

INTERNATIONAL POLISH CHAMPIONSHIP GUPPY PAIRS & SHOW
MIĘDZYNARODOWE MISTRZOSTWA POLSKI GUPIKÓW PAR I WYSTAWA

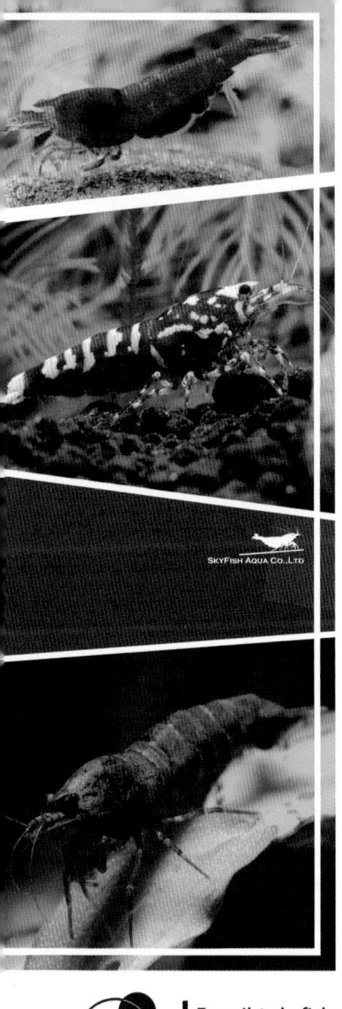
SkyFish Aqua Co.,Ltd

Sky Fish
天空魚
SkyFish Aqua Co.,Ltd
http://skyfish-aqua.com
No.13, Yuanxi 2nd rd., Changzhi Township
Pingtung County 908 Taiwan
Tel : +886 8 762 7706 Fax : +886 8 762 7716

SkyFish Aqua Co.,Ltd

SkyFish Aqua Co.,Ltd

ANA
TAIWAN
APK 安比克
BRINE SHRIMP EGGS
G-AQUA BRAND
BRINE SHRIMP EGGS
PREMIUM GRADE ARTEMIA

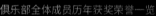

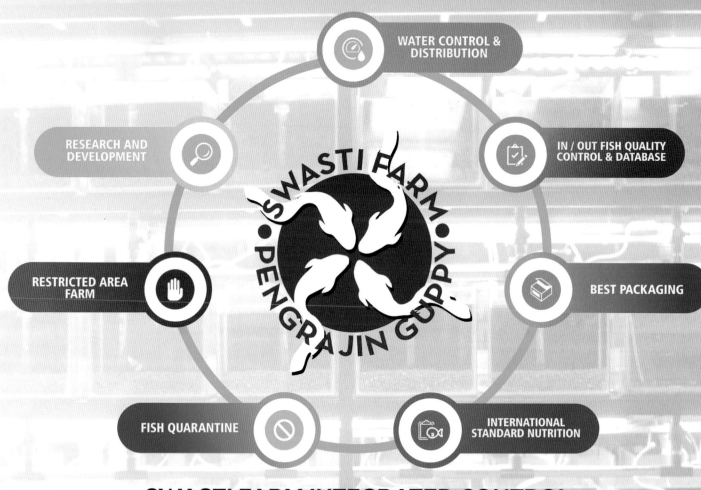

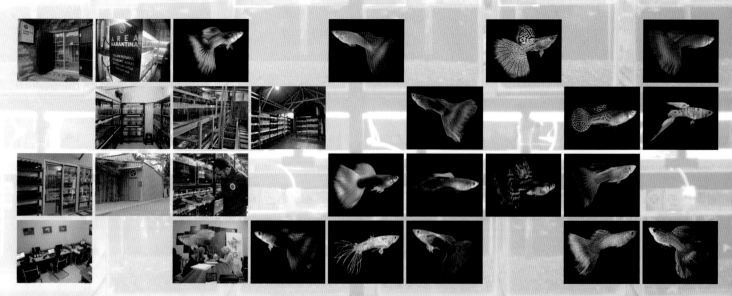

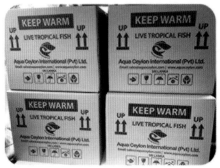

Shiruba
WWW. POWERAQUARIUM .COM

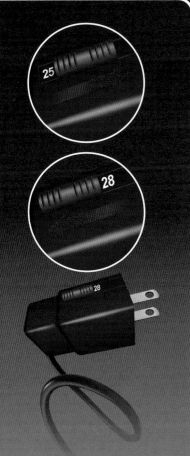

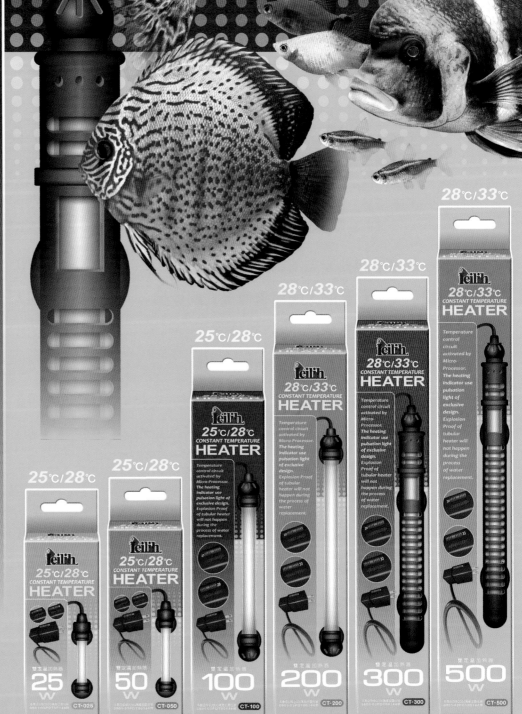

# 目錄 CONTENTS

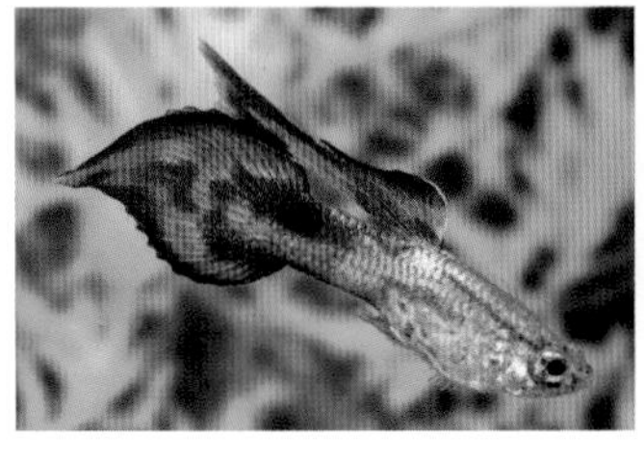

主編／Chief editor
林安鐸 Andrew Lim

出版／Published by
魚雜誌社 Fish Magazine Taiwan

發行人／Publisher
蔣孝明 Nathan Chiang

美術總編／Art Supervisor
陳冠霖 Lynn Chen

攝影／Photographer
蔣孝明 Nathan Chiang
the others are illustrated under the photo of the credit



聯絡信箱／Mail Box
22299 深坑郵局第5-85號信箱
P.O.BOX 5-85 Shenkeng, New Taipei City
22299 Taiwan

電話／Phone Number
+886-2-26628587

傳真／Fax Number
+886-2-26625595

電子信箱／E-mail
fishbook168@gmail.com



出版日期 2019年10月 初版





國家圖書館出版品預行編目（CIP）資料

世界孔雀魚寶典 / 林安鐸主編. -- 新北市 : 魚雜誌,
2019.10- 冊； 公分
ISBN 978-986-97406-1-6(第1冊：精裝). --
ISBN 978-986-97406-2-3(第2冊：精裝)

1.養魚

438.667 108017111

AQUARIUM • PRODUCT

# CleanPro. 科學配方 有效穩定平衡水質 水質處理系列

## AQUA TREATMENT SERIES

### 除氯氨水質穩定劑
### SUPER AQUA SAFE

新水或換水時使用 / 迅速去除水中氯、氨
避免重金屬的危害 / 幫助魚體產生保護膜機能

科學配方，迅速消除氯、氨、重金屬等有毒物質。本劑另一特色能促進魚體產生天然的保護膜，非一般人工膠膜。

150．300．600cc
1000cc

### 硝化菌淨水劑
### BENEFICIAL BACTERIA BOOSTER

可快速強化硝化菌循環 / 過濾系統的形成
淨化水質效果比一般 / 硝化菌添加物更快

含促進硝化菌活化的能量元素，快速強化硝化菌循環過濾系統的形成，並使硝化菌擁有最高過濾活力。

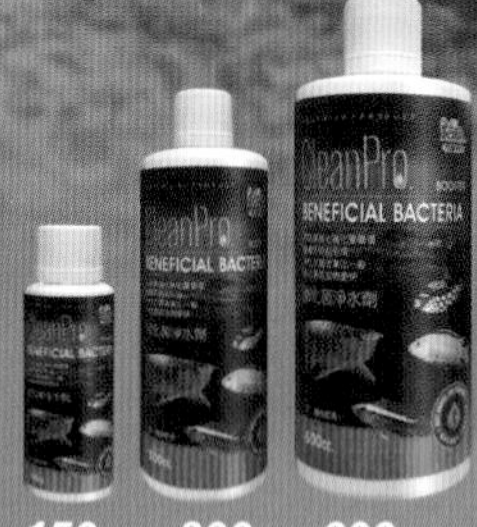


150．300．600cc
1000cc

### 水質穩定劑
### AQUA SAFE

幫助魚兒適應新環境 / 降低環境緊迫現象
迅速去除水中有害物 / 魚體產生天然保護膜

最新科學配方，能幫助魚兒適應新環境。中和去除水中殘留氯及氯胺化合物、重金屬、使魚安定。幫助魚體產生天然的保護膜(非人工膠膜)。

300cc

### 水質澄清劑
### CLEAR WATER

迅速解決混濁物質
不傷害水中生態 / 軟體缸也可用

最新科學配方，對混濁或綠色水最有效，可在數小時清澈。可用在淡水、海水缸，不傷害生態，即使在軟體缸也可使用。

300cc

### 高濃縮黑水
### BLACK WATER CONCENTRATED

天然的腐質酸 / 提升魚隻色彩鮮豔
軟化水質提高繁殖力 / 重朔天然水域的水質

天然腐植質及泥炭抽取，富含天然的腐質酸、單寧酸及多種微量元素。重朔天然水域的水質。對於軟水域的魚隻，調節水質，使魚隻增豔，提高繁殖力。

300cc

### 除蝸牛劑
### SNAIL ELIMINATOR

快速去除蝸牛 / 不影響生物系統
對魚兒水草無害

當蝸牛增生而必須加以控制時，本產品具有極佳效果對大多數蝸牛，皆非常有效。效果在幾天內可見到，不會影響生物系統。照指示使用，對魚和水草無害。

300cc

### 水草營養劑
### FLORA NUTRIMENT

含水草生長所需必要元素 / 生長茁壯
滿足水草的營養需求 / 對魚隻無害

本劑能提供水草生長所需之必要元素，對水族缸的魚隻不會造成不良影響，針對水草生長的特性所設計無論初學者或玩家，均能滿足水草對營養的需求。如配合水草鐵劑效果更佳。

300cc

### 水草鐵劑
### FERRO NUTRIMENT

含豐富的鐵質 / 和各種微量元素
水草更加鮮紅翠綠 / 茂盛生長

本劑含豐富的鐵質和各種微量元素，對紅色水草的褪色現象或綠色水草的頂端發芽生長點產生白化現象，皆有立即明顯的改進效果。可使缸內水草更加鮮紅翠綠，茂盛生長。

300cc

### 特效除藻劑
### ALGAE CLEANER

藻類迅速清除 / 除黑毛藻、褐藻、絲藻
可以抑制藻類孢子 / 高濃度特殊成份

內含有高濃度的藻類殺除特殊成份，可在短時間內將魚缸中各種藻類迅速清除，像黑毛藻也有快速清除效果。褐藻、絲藻、糊狀藻等效果更顯著。平常換水保養可抑制藻類孢子蔓延發生。

300cc

# 世界 Guppypedia 孔雀魚寶典 2

莫斯科藍

# 莫斯科品系

文：林安鐸 Andrew Lim

莫斯科品系算是人工改良品系孔雀魚中歷史最悠久的，也是目前許多玩家都非常熱愛的顏色系列。莫斯科，是俄羅斯（前蘇聯共和國）的首都，顧名思義，創造出莫斯科品系的就是蘇聯人。根據一份在 1971 年蘇聯出版的水族雜誌的報導，莫斯科品系是在 1951 年由莫斯科人馬達索佚（Mikhail V. Matasov）所創造出來的。當年馬達索佚就是在實驗室中跟著名俄羅斯孔雀魚基因研究博士 Professor V. F. Natali 要來的普通魚種中經過不斷的實驗而成的。

文獻也記載說莫斯科品系是由四種基因組成的，這不是目前每個人都可以接受的說法，一直以來，對基因略有認知的玩家都認同莫斯科品系是由單一 Y-lined 基因所組成。筆者將在以下的文章帶領大家來探討莫斯科品系的變幻基因。

## 莫斯科品系的歷史

1960 年代，莫斯科品系開始了它們的西方之旅，當時的東德是第一個引進莫斯科品系的國家。而日本資深孔雀魚玩家 Hoshiki Tsutsui 則向歐洲引進第一對進入到亞洲的莫斯科品系。從這裡開始，莫斯科品系在 1980 年代後，在亞洲開始發光發亮，在台灣，玩家們把它改成大背，在日本甚至有人在近年加入拉朱麗（Lazuli）基因，從而分出亮藍莫斯科藍和深藍莫斯科藍兩派。

### 歐洲對莫斯科品系的見解

著名德國孔雀魚繁殖家 Gernot Kaden 把莫斯科品系也分成兩派。第一种是在身體前半部有藍色表現和略帶蛇紋（或虎斑）的腹鰭。另一種是全身都呈現寶藍色的莫藍。虎斑莫藍是在 1980 年被引進德國，而寶藍色的系統則是在大約 10 年後才出現。Kaden 解 德國人在 1980 年到莫斯科參加一場孔雀魚比賽之後從蘇聯把魚帶 德國，不過當時他只帶 了公魚。當時這條公魚就肩負了很大的重任，德國玩家把它跟具有顯性和 X- 基因的母魚交配。

後來在 1990 年，德國柏林的一場賽事，匈牙利人把一對寶藍色的莫斯科帶來參賽，那時確是一鳴驚人。Kaden 告訴我說這是因為當時，匈牙利人用對了母魚，也就是導入帶有藍色基因的母體來交配。一般上該用的母魚必需在身體，背鰭，尾部和臀鰭都有藍色的表現。所以從這裡我們可以了解，若要做出具有渾厚色係的莫斯科藍，母魚的篩選是非常重要的，在母魚的身上，越多的藍色，則越優。

### 亞洲與美洲的莫斯科品系概況

日本 Pisces 出版社的“Guppy Base Book”第一冊中，作者 Tsutsui 先生敘述說他在 1996 年秋天得到他的第一對寶藍色莫藍，他對這個發出閃爍藍色光芒的孔雀魚非常的着迷，在那時候他還不大了解莫藍的真正基因結構，也因 如此，激發他和後來許多日本玩家繼續在這個品系上的鑽研。

而在美國，莫斯科品系的引入還要比亞洲慢了幾年。在 2000 年的 IFGA 年會，一對小小的莫藍在比賽後的拍賣會中以 US$200 成交。

莫斯科藍

## 莫斯科家族

莫斯科品系流傳到今天，已經不止是莫斯科藍獨霸天下了。今天的莫斯科家族包含了許多不同的流傳基因和顯性基因。現在一般的孔雀魚玩家只會把魚養好，繁殖對他們來說也不會有很大的難度，加上互聯網的盛行，要跟其他玩家交流已經是非常容易的事。有鑒于此，很多人都不會很仔細的去研究孔雀魚的基因。在世界各地的比賽，分組也不會依照基因遺傳來分組，在亞洲，比賽中的分類，最多只會歸納為莫斯科組（Moscow）和非莫斯科組（Non-Moscow）

莫斯科不一定是藍色的，它甚至可以是白金、粉紅白或全黑。但是你也可以創造出紅頭但卻不含莫斯科基因的魚，例如全紅白子。

這裡要強調的是，莫斯科品系沒有特定的顏色遺傳基因，它也並不一定是單色系列的。所以，莫斯科品系看是簡單，但是其中涵括的，確是非常的高深莫測。玩家們以後若要改魚，請記得除了 Y-linked 基因之外，母魚的篩選也是非常重要的喔！

莫斯科黑

莫斯科藍紅尾

德系莫斯科紫

莫斯科藍白子

莫斯科藍草尾

莫斯科藍紅冠尾

# 評薦基準

## 身體 15%

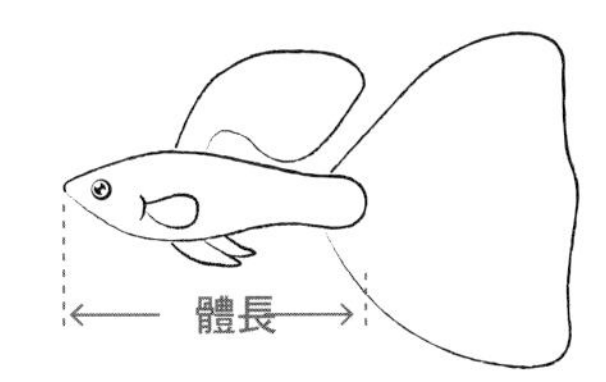


1. 身體尺寸大小（5 分）：

| 體長 20mm 以下 | 0 分 | 體長 24mm 以上 | 3 分 |
|---|---|---|---|
| 體長 20mm 以上 | 1 分 | 體長 26mm 以上 | 4 分 |
| 體長 22mm 以上 | 2 分 | 體長 28mm 以上 | 5 分 |

2. 身體形狀（5 分）：身體的高度為體長的 1/4，若頭部到背鰭的部分有突起或凹陷，或體幅不均勻或身體彎曲變形，都會達成扣分的要件。
3. 身體顏色與紋路（5 分）：身體特色需強而有力地顯現出來，若有特別體色，如白子、黃化、虎斑等，則可達到加分要件。

## 背鰭 30%

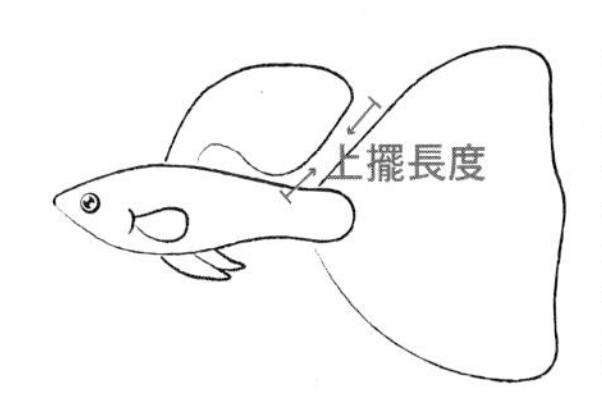


1. 背鰭尺寸（10 分）：評分重點在於背鰭的上擺長度為尾鰭的 1/3，若達到則可獲得滿分，未達到者則酌量給分。但要注意的是，大背鰭在亞洲國家雖然非常吃香，若要送去歐洲比賽，大背莫斯科可能還會被扣分喔！
2. 背鰭形狀（10 分）：評分重點在於背鰭撐起時，能強而有力且是鰭條平順。
3. 背鰭色澤紋路（10 分）：評分重點在於背鰭的色澤紋路能與尾鰭的色澤接近。

## 泳姿 5%

泳姿是展現孔雀魚活力的指標之一，游起來是否有朝氣、是否協調，泳姿是否優美等，都是評鑑孔雀魚整體的要件，雖然佔分不高，但因孔雀魚的決勝關鍵往往在於魚隻給人的第一印象，也就是整體感，亦即魚隻的比例、色澤紋路、精神狀態等在瞬間給人的感覺所形成，因此泳姿便成為致勝的關鍵要素了。此外，參加比賽的時候，盡量避免選擇懷孕或即將生小魚的母魚，雖然母魚渾圓是的身體會比較好看，但是請注意母魚只是佔總比分的百分之五或十，母魚老是躲在水妖精或缸底，就不會給裁判太大的印象分。

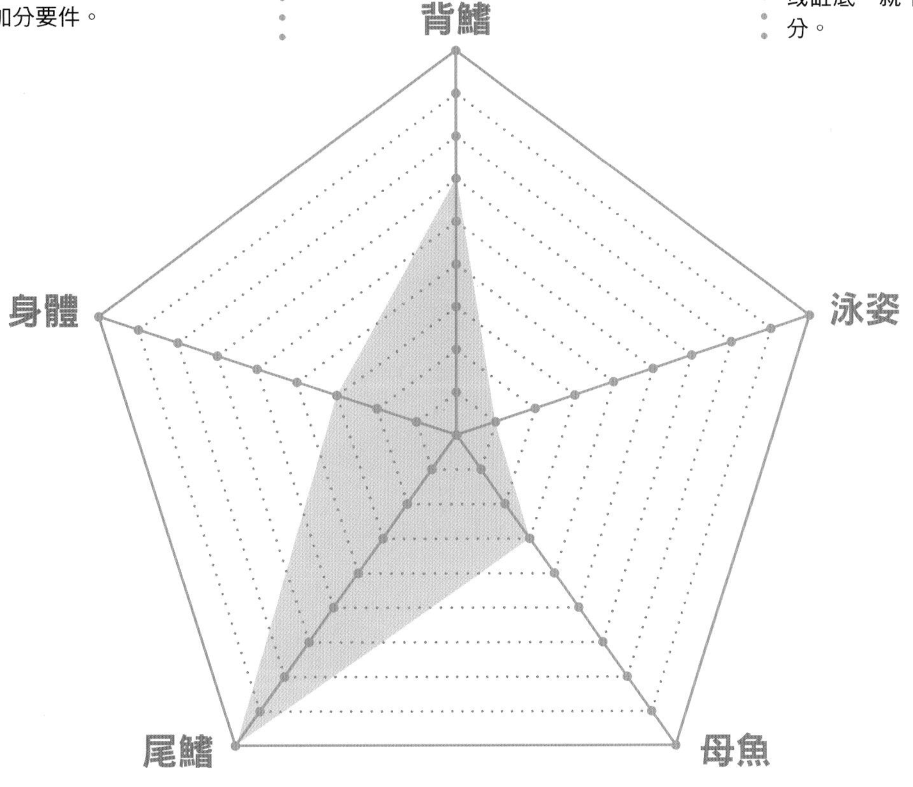


## 尾鰭 45%

1. 尾鰭尺寸大小（5 分）：

| 體長 20mm 以下 | 0 分 | 體長 24mm 以上 | 3 分 |
|---|---|---|---|
| 體長 20mm 以上 | 1 分 | 體長 26mm 以上 | 4 分 |
| 體長 22mm 以上 | 2 分 | 體長 28mm 以上 | 5 分 |

2. 尾鰭形狀（5 分）：身體的高度為體長的 1/4，若頭部到背鰭的部分有突起或凹陷，或體幅不均勻或身體彎曲變形，都會達成扣分的要件。
3. 尾鰭色澤與紋路（5 分）：身體特色需強而有力地顯現出來，若有特別體色，如白子、黃化、虎斑等，則可達到加分要件。

## 母魚 15%

基本上大部分評鑑的重點都落在公魚上，所以母魚往往會被參賽者忽略，但其實牠們也是評鑑的要點之一。評鑑孔雀魚母魚可依體型為依據，身材渾圓、尾柄粗且短的母魚較佳，不過母魚會因系統不同而有不同標準，挑選方式亦有差異，這叫有賴繁殖者自身的經驗去仔細觀察了。

除此之外，母魚和公魚的比例也很重要，多年的孔雀魚評審經驗中，有看過參賽者把一隻成年公魚和亞成母魚、甚至未成年的母魚混在一起囫圇吞棗，也見過有人把不同品系的母魚混進來。雖然很多亞洲國家的比賽，母魚沒有在評分之列，不過這樣算是自欺欺人的行為。基本上，比賽中母魚若比公魚大一些是不會有問題的，因為在野生環境中，雌性的個體本來就會比雄性的個體稍大。

蛇紋紅尾野生色

# 蛇紋家族 Snakeskin Family

文：林安鐸 Andrew Lim

在孔雀魚的各種品系中，最令人津津樂道和喜好的，莫過於蛇紋家族了。蛇紋家族的成員包括了蛇王（比較粗的紋路和線條）、蕾絲（比較細膩的紋路和線條），但到底蛇王（King Cobra）和蕾絲（Lace）有什麼不一樣？蛇紋的基因又有哪幾種呢？以下筆者將會帶大家來一一探討。

## 蛇紋名稱的由來

孔雀魚身上有著連鎖直線或蕾絲紋路的個體，在亞洲我們大多數稱“蛇紋”，而在世界各地，卻有許多不同的名稱；在歐洲，一般都被稱“Filigran”；而在德文中，“Filigran”就是蛇紋的統稱。早在西元 1959 年，德國孔雀魚學者已經開始發表並使用這個詞，並在後來被大多數的歐洲玩家們接受並沿用至今。而著名的孔雀

紅蕾絲野生色

金屬藍蛇紋

魚學者暨裁判 W. G. Philips，他也是世界首位創立完整孔雀魚評分標準的英國人，早在德國人之前就把蛇紋命名為“English Lacetai（英格蘭蕾絲）”；不過很可能是大英帝國的味道太重，因此這個名稱並沒有被後人延續使用。此外，在美國普遍上都將蛇紋稱“Snakeskin”；在 IFGA（International Fancy Guppy Association）的評分標準中，Snakeskin 是指在身體部位上有超過百分之六十的蛇紋條狀。

在亞洲，我們把蛇紋、蛇王和蕾絲都歸納為同一組，且在大多數亞洲國家的比賽中，也不會再把這三種再多加分類。就像之前文中所提到的，比較粗的紋路都會被歸納為蛇王；而目前的趨勢，玩家們是要把紋路改成比較細膩，就連尾部和背鰭都有細細的蕾絲紋路。

## 蛇紋孔雀魚的歷史

蛇紋是一種非常古老的花紋品系，早在 150 年前，當大肚魚被引進亞洲作為消滅孑孓的時候，就有細心的水族愛好者發現，野生大肚魚有著一片片的蛇紋形狀。當時的歐洲玩家就嘗試把野生孔雀魚和自家改良的孔雀魚交配，第一代（F1）所出現的蛇紋幾乎都只出現在尾部，而德國著名繁殖家 Dzwillo 最後確定這些第一代的蛇紋孔雀魚是 X 基因（X-linked）。直到上世紀 70 年代末，俄羅斯基因研究者 V. S. Kirpichnikov 再把含有馬賽克基因的孔雀魚導入蛇紋孔雀魚的身上，目前市面流通的蛇王和雷絲，很可能就是從這裡演變出來的。

## 紋路的變化

其實多年來一直困擾著許多玩家的，是到底蛇王和蕾絲該怎　區分。最大的差別，其實來自它們的尾部（caudal pattern）。蛇王擁有比較粗的線條紋路，而這些線條和紋路看起來比較像是沒有連接的點狀。此外，蛇王的黑色素也比較濃郁，所以在蛇王身上的黑點或黑斑會比蕾絲來得明顯。

## 顏色的變幻

以目前亞洲的趨勢來看，大多數玩家比較著重於紅蕾絲的繁殖，紅蕾絲也是許多歐洲玩家認　是亞洲人創立最優秀的蛇王品系。而泰國玩家文薩曾經作出了一線非常優秀的紅蕾絲，這一線紅蕾絲全身通紅，沒有黑色的雜斑；這種顯性的表現，是蛇紋孔雀魚中缺少了孟德爾遺傳學中的對偶基因和黑色素細胞。文薩的這一發現，造就了日後

蛇紋冠尾

丹頂蛇紋紅尾白子

銀河蛇紋

白子蛇紋紅矛尾

黃化蛇紋

蛇紋紫馬賽克（大象耳）

更多的變種，例如白子紅蕾絲、美杜沙…等等膾炙人口的作品。

## 結語

蛇紋孔雀魚的基因是複雜的，但是卻令許多玩家沉迷；而蛇紋的維持也是不容易的任務，但也有一些瘋狂的蛇王達人孜孜不倦地在研究和改良。蛇王和蕾絲孔雀魚都是屬於晚熟的品系，要真正看得出優秀的表現，需要8~10 個月的時間，這也是比賽時我們所看到的蛇王和蕾絲都是比較老的成魚的主要因素。由於篇幅有限，這一期我們先談到這裡，下次有機會再來探討蛇王變幻莫測的基因。

# 評薦基準

## 身體 25%

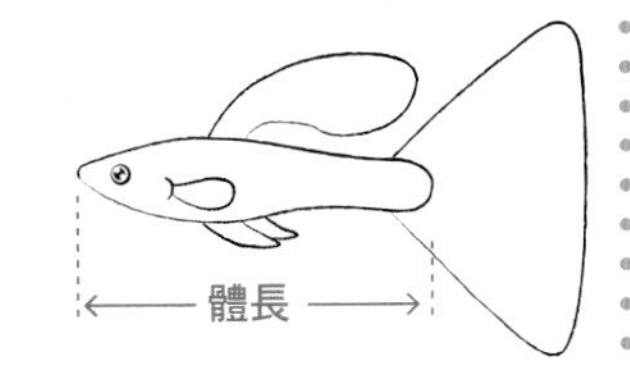


1. 身體尺寸大小（5 分）：

| 體長 20mm 以下 | 0 分 | 體長 24mm 以上 | 3 分 |
|---|---|---|---|
| 體長 20mm 以上 | 1 分 | 體長 26mm 以上 | 4 分 |
| 體長 22mm 以上 | 2 分 | 體長 28mm 以上 | 5 分 |

2. 身體形狀（10 分）：身體的高度為體長的 1/4，若頭部到背鰭的部分有突起或凹陷，或體幅不均勻或身體彎曲變形，都會達成扣分的要件。
3. 身體顏色與紋路（10 分）：身體特色需強而有力地顯現出來，若有特別體色，如白子、黃化、虎斑等，則可達到加分要件。

## 背鰭 25%

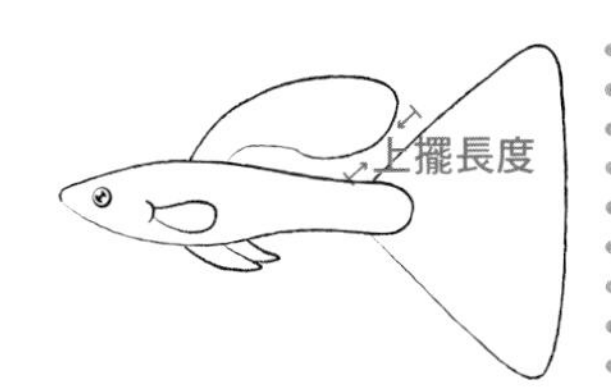


1. 背鰭尺寸（10 分）：評分重點在於背鰭的上擺長度為尾鰭的 1/3，若達到則可獲得滿分，未達到者則酌量給分。但要注意的是，大背鰭在亞洲國家雖然非常吃香，若要送去歐洲比賽，大背蛇王可能還會被扣分喔！
2. 背鰭形狀（10 分）：評分重點在於背鰭撐起時，能強而有力且鰭條平順。
3. 背鰭色澤紋路（10 分）：評分重點在於背鰭的色澤能與尾鰭的色澤接近。

## 泳姿 5%

泳姿是展現孔雀魚活力的指標之一，游起來是否有朝氣、是否協調，泳姿是否優美等，都是評鑑孔雀魚整體的要件，雖然佔分不高，但因孔雀魚的決勝關鍵往往在於魚隻給人的第一印象，也就是整體感，亦即魚隻的比例、色澤紋路、精神狀態等在瞬間給人的感覺所行程，因此泳姿便成為至勝的關鍵要素了。此外，參加比賽的時候，盡量避免選擇環孕或即將生小魚的母魚，雖然母魚渾圓的身體會比較好看，但是請注意母魚只是佔總比分的百分之五或十；若整體的協調失去平衡，母魚老是躲在水妖精或缸子的底部，就不會給裁判太大的印象分

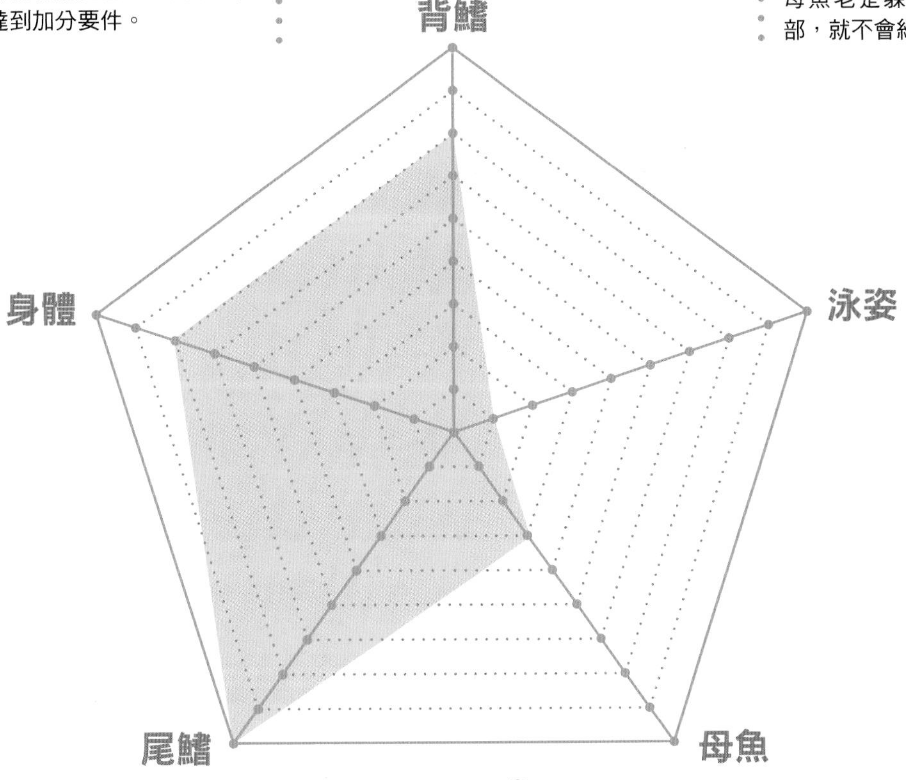


## 尾鰭 30%

1. 尾鰭尺寸大小（5 分）：

| 體長 20mm 以下 | 0 分 | 體長 24mm 以上 | 3 分 |
|---|---|---|---|
| 體長 20mm 以上 | 1 分 | 體長 26mm 以上 | 4 分 |
| 體長 22mm 以上 | 2 分 | 體長 28mm 以上 | 5 分 |

2. 尾鰭形狀（5 分）：評分重點在於尾鰭能撐開的角度是否達到標準，一般來說，扇尾品種的尾鰭需撐開 70 度，未達者則酌量給分。以亞洲目前比賽的標準來看，扇尾的品種已經很少會得到裁判的青睞。三角尾（Delta Tail）是目前的趨勢。而歐美國家更是非常注重三角尾的表現。
3. 尾鰭色澤與紋路（5 分）：評分重點在於尾鰭色澤均勻、有厚實感。針對蕾絲來說，尾鰭、背鰭和臀鰭的噴點約細約均勻，得到的分數也會相對的提高。

## 母魚 15%

基本上大部分評鑑的重點都落在公魚身上，所以母魚往往會被參賽者忽略，但其實牠們也是評鑑的要點之一。評鑑孔雀魚母魚可依照體型為依據，身材渾圓、尾柄粗且短的母魚較佳，不過母魚會因系統不同而有不同標準，挑選方式亦有差異，這就要有賴繁殖者自身的經驗去仔細觀察了。

除此之外，母魚和公魚的比例也很重要，在多年的孔雀魚評審經驗中，曾看過參賽者把成年公魚和亞成母魚、甚至未成年的母魚混在一起囫圇吞棗，也見過有人把不同品系的母魚混進來。雖然很多亞洲國家的比賽，母魚沒有在評分之列，不過這樣算是自欺欺人的行為。基本上，比賽中母魚若比公魚大一些是不會有問題的，因為在野生環境中，雌性的個體本來就會比雄性的個體稍大。

金屬瑪姜塔鏟尾

# 瑪姜塔 Magenta

文：林安鐸 Andrew Lim

瑪姜塔（Magenta）是在最近幾年才開始流行的孔雀魚品洗，牠們是一多種顏色的混合體，主要有紫色、紅色、粉紅色和藍色，就因為這種顯性的基因，造就了瑪姜塔孔雀魚日後的走紅。瑪姜塔的基因其實是在佛朗明哥圓舞者（Flamenco Damcer）的品系中被發現出來的，佛朗明哥圓舞者本身就是莫斯科藍和瑪姜塔的混合體。2002 年，泰國一家孔雀魚魚場創造出了第一個瑪姜塔品系，接著在第二年開始發售；不過據我所知，這個被泰國人創造出來的瑪姜塔，是從一條羅馬尼亞進口的孔雀魚和泰國的本土孔雀魚雜交後所創造出來的，所以瑪姜塔還不算是百分百的亞洲品系，只能算是歐亞的混血兒。

瑪姜塔安德拉斯雙劍

**瑪姜塔的基因**

瑪姜塔的基因是由正染色體來主導的，意思是說瑪姜塔的表現在互交的第一代就可以看得出來。舉個例子來說，以莫斯科孔雀魚和瑪姜塔基因的雜交就會出現以下的表現：

**$XY^{MW}$ M/m**

**MW=Moscow**

**M=Magenta**

瑪姜塔

瑪姜塔矛尾

## 瑪姜塔的解說

嚴格來說，瑪姜塔不是一個品系，而是一個“變種”，就像野生色中出現的“白子”、“黃化體”、“藍化體”等等。當我們的稱一種孔雀魚為瑪姜塔的時候，是統稱該魚的體色表現；然後，若該魚有表現出金屬、白色等色澤，則不能單單被稱為 Magenta ！所以，我們稱有金屬表現而又有瑪姜塔體色的孔雀魚為“金屬瑪姜塔（Metallic Magenta）”，這樣的解說大家應該比較容易了解。

金屬瑪姜塔之所以會出現。是因為兩種顏色的細胞受到了變異種的影響；紅色細胞（red color cells）和藍色虹膜反射（blue irrdophores）；瑪姜塔顏色的形成就是孔雀魚變化莫測的體色中。透過藍色混色體的反射，加上大量的紅色細胞而組成的。在之前的孔雀魚評鑑專欄一中，我們談到莫斯科品系；其中莫斯科藍之所以會出現深藍和亮藍，甚至最近日本玩家改良的瑪姬塔莫斯科藍，也都是孔雀魚基因中藍色虹膜反射的成果。莫斯科品系也會有紅色，所以也有莫斯科紅、莫斯科粉紅等稱呼出現；而莫斯科品系中體色比較藍的、紅色細胞比較多的個體，其瑪姜塔的基因就越強。此外。瑪姜塔的始祖 --- 佛朗明戈圓舞者，本身就是“瑪姜塔莫斯科”；其基因分析應該是擁有很多的藍色細胞即很少的紅色細胞，不過在背鰭上的表現卻是紅色居多。瑪姜塔的尾部幾年前大多數呈現不均勻的短尾類型，經過玩家這幾年來的努力，目前市場上也可以見到三角尾的瑪姜塔。

## 瑪姜塔孔雀的趨勢

瑪姬塔在台灣並不多見。主要是因為牠們的外在表現不容易吸引人們的注意，尾巴的表現也需要一段時間才能更呈現三角尾的形狀；但是據我所知。也有不少人在默

白化體瑪姜塔

默鑽研瑪姜塔的基因。對我來說，瑪姜塔是一種非常有用的工具魚，想要改變魚隻體色的玩家，不妨可以用瑪姜塔來試看看，或許會有意想不到的收穫。而近幾年來，泰國的魚場也創造出了白子瑪姜塔、紫色型的瑪姜塔和緞帶瑪姜塔等；台灣 T.G.C. 孔雀魚俱樂部最近幾屆的原創新品中得獎魚中，也是由瑪姜塔所囊括。由此可知，瑪姜塔的創造也到了百花齊放的地步。

瑪姜塔♀

瑪姜塔圓尾

瑪姜塔矛尾

# 評薦基準

## 身體 25%

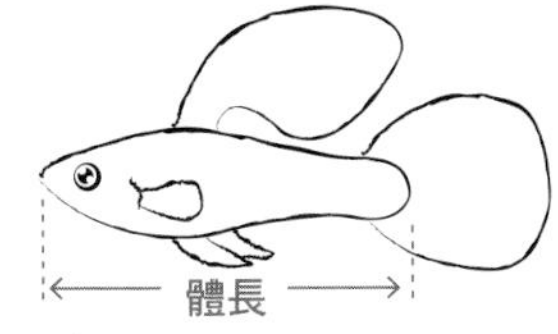


1. 身體尺寸大小（5 分）：

| 體長 20mm 以下 | 0 分 | 體長 24mm 以上 | 3 分 |
|---|---|---|---|
| 體長 20mm 以上 | 1 分 | 體長 26mm 以上 | 4 分 |
| 體長 22mm 以上 | 2 分 | 體長 28mm 以上 | 5 分 |

2. 身體形狀（10 分）：身體的高度為體長的 1/4，若頭部到背鰭的部分有突起或凹陷，或體幅不均勻或身體彎曲變形，都回達成扣分的要件。瑪姜塔的尾鰭和背鰭比較小，跟其他品系的魚比起來會比較吃虧。所以瑪姜塔的體型都不會太瘦小。體型也就佔據了比較多的分數。此外，瑪姜塔的身形必須短小精悍。粗壯的腰身是評審觀察瑪姜塔的第一印象分數。

3. 身體顏色與紋路（10 分）：身體特色需強而有力地顯現出來，若有特別的體色，如白子、黃化、虎斑等，則可達到加分要件。

## 背鰭 25%

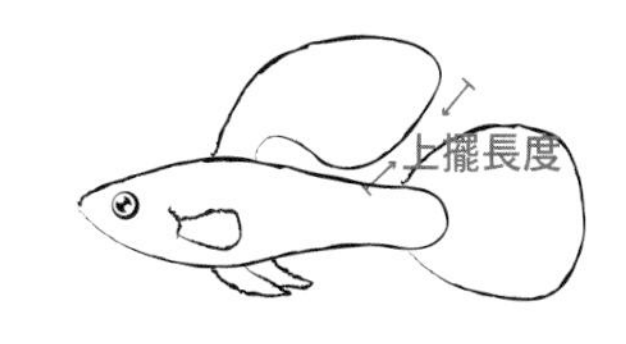


1. 背鰭尺寸（10 分）：一般來說，孔雀魚的評分重點在於背鰭的上擺長度為尾鰭的 1/3，若達到則可獲得滿分。未達者則酌量給分。由於瑪姜塔是野生孔雀魚改良出來的品種，所以背鰭還有很大的發展空間，目前瑪姜塔的背鰭都不會很大。在這個時候，評審員的知識便能發揮很大的作用，他們必須對瑪姜塔品系略有所知，才能評鑑瑪姜塔背鰭對整隻魚平衡度的標準；若是背鰭不會太過於小，評審也會給予超過 5 分的標準。

2. 背鰭形狀（5 分）：評分重點在於背鰭撐起時，能強有而有力且鰭條平順。

3. 背鰭色澤紋路（10 分）：評分重點在於背鰭的色澤能與尾鰭的色澤接近。由於瑪姜塔的色澤全身都不一致，一般上只要背鰭沒有太過於雜色的斑紋或黑斑，就不會被扣太多的分數。

## 泳姿 5%

泳姿是展現孔雀魚活力的指標之一，游起來是否有朝氣、是否協調，泳姿是否優美等，都是評鑑孔雀魚整體的要件，雖然佔分不高，但因孔雀魚的決勝關鍵往往在於魚隻給人的第一印象，也就是整體感，亦即魚隻的比例、色澤紋路、精神狀態等在瞬間給人的感覺所形成，因此泳姿便成為致勝的關鍵要素了。由於瑪姜塔孔雀魚沒有大尾巴的包袱，所以在比賽缸子裡會比其他品系更為活潑、健康，有時會帶給評審良好的第一印象。

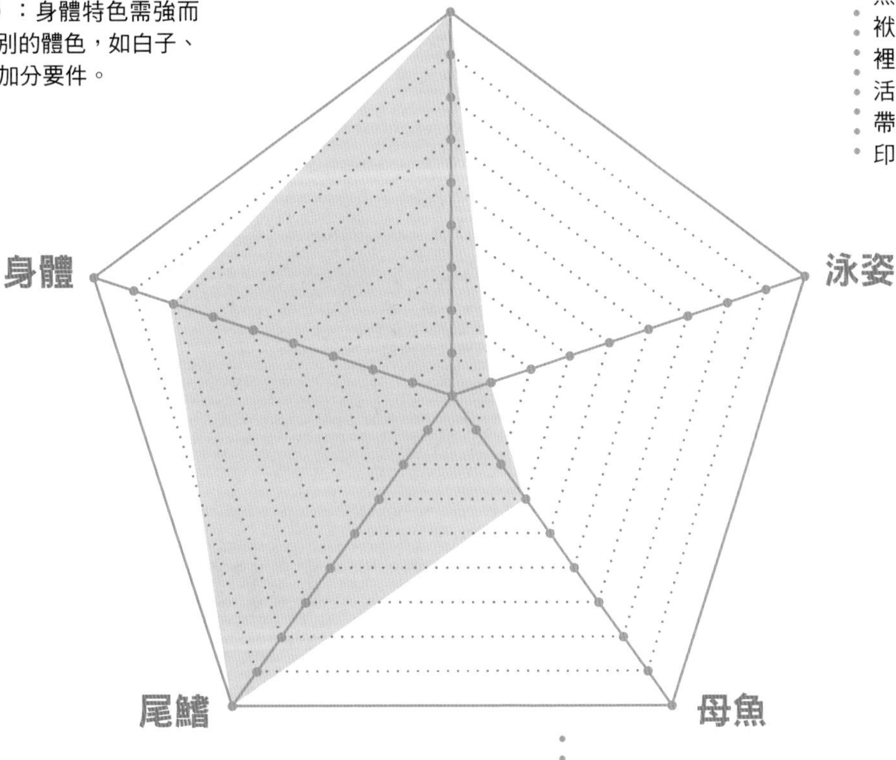


## 尾鰭 30%

1. 尾鰭尺寸大小（15 分）：

| 比例在 10/10 以上 | 15 分 | 比例在 9/10 以上 | 13 分 | 比例在 8/10 以上 | 11 分 | 比例在 7/10 以上 | 9 分 |
|---|---|---|---|---|---|---|---|
| 比例在 6/10 以上 | 7 分 | 比例在 5/10 以上 | 5 分 | 比例在 5/10 以下 | 3 分 | | |

2. 尾鰭形狀（10 分）：瑪姜塔的尾部在幾年前大多數呈現不均勻的短尾類型，經過玩家這幾年來的努力，目前市場上也可以見到三角尾的瑪姜塔；但以目前的趨勢來說，市面上的瑪姜塔還是以短尾的居多。評分重點在於尾鰭能撐開的腳多是否達到標準。以亞洲目前比賽的標準來看，扇尾的品種已經很少會得到裁判的青睞，三角尾（Delta Tail）是目前的趨勢，歐美國家更是非常重視三角尾的表現；而有三角尾表現的瑪姜塔，當然會更能得到裁判的青睞。

3. 尾鰭色澤與紋路（5 分）：評分重點在於尾鰭色澤均勻、有厚實感。針對雷斯來說。尾鰭、背鰭和臀鰭的噴點越細越均勻，得到的分去也會相對的提高。

## 母魚 15%

基本上大部分評鑑的重點都落在公魚身上，所以母魚往往會被參賽者忽略，但其實牠們也是評鑑的要點之一。評鑑孔雀魚母魚可依照體型為依據，身材渾圓身材渾圓、尾柄粗且短的母魚較佳，不過母魚會因為系統不同而有不同標準，挑選方式亦有差異，這就要有賴繁殖者自身的經驗去仔細觀察了。

除此之外，母魚和公魚的比例也很重要，在我多年的孔雀魚評審經驗中。有看過參賽者把一隻成年公魚和亞成母魚、甚至未成年的母魚混在一起囫圇吞棗，也見過有人把不同品系的母魚混進來。不過，瑪姜塔的母魚色澤比較黯淡，比較接近野生孔雀魚，因此評鑑時較不受重視，也不會對分數有太大的影響。

藍草尾

# 草尾家族 Grass Family

文：林安鐸 Andrew Lim、蘇志忠

目前市面上的草尾是日本玩家 30 多年前改良出來的；他們在 1960 年代，從新加坡引進的馬賽克扇尾中的變異種並將其挑選出來，經過多年的努力，把馬賽克尾巴的點狀改成均勻又細膩的噴點，進而改良成今日的藍草尾。草尾的點狀是細小的，而這些點狀呈不勻稱的醮大典狀的時候，歐洲人則稱之為豹點（Leopard）。

## 草尾的來歷

自首度問世以來，草尾就是人氣居高不下的品種，其指數與黃尾禮服和紅魚相當。說起本品系就不得不提起日本人，草尾是日本人研究孔雀魚最成功的代表作，雖然藍草尾廣受亞洲人的喜愛，但其他國家在色澤和選種上仍然不及日本人的眼光。而說到日本人，則不能不提起來自 Kawasaki（川崎市）的 Yutaka Kishina，他是當時日本當紅俱樂部“Kokusan Guppy Aikoukai”的會長，也是創造出藍草尾的始祖。直到後來，台灣玩家從日本得到許多線的藍草，使其在台灣的孔雀魚消費市場佔有一席之地，大量玩家便開始投入研發，其開創出的藍草尾不但擁有寬大背鰭、淡淡的亮藍尾巴，在尾鰭上還有著分佈密集又細緻的小黑點，若說是台灣孔雀魚玩家將藍草尾發揚光大也不為過。時至今日，無論是中國、香港、韓國、新加坡還是馬來西亞等地的玩家，手上的藍草線大部份都源自台灣。

## 基因

飼養藍草是件非常有趣的事情，本品系子代會車藍草、紅草及藍化體，其基因模式如下：

| 藍草的基因 | | |
|---|---|---|
| | B | b |
| B | BB 藍化體 | B 藍草 |
| b | Bb 藍草 | bb 紅草 |

藍草尾（藍化體）

很多新手剛買魚的時候，由於對於基因的認知略少，在收到第一胎（F1）藍草尾的時候，會因為收到紅草尾藍化體而怪罪種親的基因不純。其實這是正常現象。所以若要培養藍草尾。則必須先了解草尾的基因；如果不做篩選，胡亂自交的草尾甚至會收到紅草尾、黃草尾或白草尾的後代。在商業大量繁殖時，都會選用紅草母及藍化體公育種，就可大量繁殖出藍草尾；但作為愛好者，筆者則建議玩家以藍草公及藍草母作為選種的先決條件，原因在於藍化體由於沒有藍草紋路表現，在選種親時會很難辨別優劣。

日本孔雀魚大師岩其登曾經說過：「若要挑選種親母魚，必須挑選尾巴乾淨且圓尾的，公魚則必須挑選尾部沒有黃斑或黑斑的個體，噴點必須細膩且均勻」這句話一直烙印在我心中，也成為我日後改魚的座右銘。所以以後玩家可以嘗試一下母魚的篩選，加上基因的認知，相信日後大家到草尾都會更漂亮。此外，草尾是目前人氣很高的魚種，在比賽中也常常是最多參賽組的別的一組，而目前參賽的草尾，也出現了緞帶和燕尾，將比賽的觀賞度帶入了另一個新的篇章。

## 草尾孔雀的改良趨勢

藍草尾是由具透明感及明亮的藍色色澤所構成，尾鰭和背鰭散佈著小噴點，噴點大小並沒有刻意要求，但均勻散佈卻是必要的條件。早在 90 年代發展藍草時期，藍草尾鰭基部總是出現黃斑的狀況，雖說黃斑是其自然表現，但許多人認為沒有黃斑更能體現藍草的美麗。後來有人從東南亞引進藍鑽孔雀並將其和藍草尾母魚交配後，發現可以藍白的發色來蓋住黃斑；經過累代的發展，經歷數十年後的今日，現有的藍草大都已無黃斑的表現；但部份藍草魚，在年邁時仍會出現黃斑現象。

藍草身體雖無紋路，但從早期發展到今日，藍草在現今亞洲競賽場上，都要求其身體必須有明顯的菱形斑紋，

安德拉斯紅草尾（國旗尾）

銀草尾

且其可以和尾崎的噴點相互輝映；此外，菱形斑的要求也從早期寥勝於無，到今日必須明顯且邊緣不模糊，必須呈現完整的“菱形狀”才為之上乘。事實上菱形斑的遺傳不難，只要挑選擁有漂亮菱形斑蚊的公魚，即可很容易將其斑紋遺傳給子代。然而，雖然競賽場上有對菱形斑的刻意要求，但卻不能忽略沒有菱形斑的藍草發展，因為其在發展草尾衍生種時是很好的材料。

蛇紋藍草尾

紅草尾（大背）

金屬紫草尾

白金禮服黃草尾矛尾

# 評薦基準

## 身體 15%

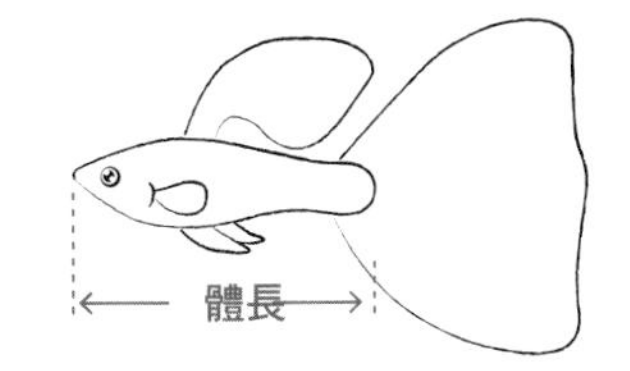


1. 身體尺寸大小（5 分）：

| 體長 20mm 以下 | 0 分 | 體長 24mm 以上 | 3 分 |
|---|---|---|---|
| 體長 20mm 以上 | 1 分 | 體長 26mm 以上 | 4 分 |
| 體長 22mm 以上 | 2 分 | 體長 28mm 以上 | 5 分 |

2. 身體形狀（5 分）：身體的高度為體長的 1/4，若頭部到背鰭的部分有突起或凹陷，或體幅不均勻或身體彎曲變形，都回達成扣分的要件。草尾跟其他三角尾的品系一樣，身體腰部至尾部必須要粗壯，太瘦小或駝背則會扣分或淘汰。
3. 身體顏色與紋路（5 分）：身體特色需強而有力地顯現出來。公魚身上的菱形斑也是重要的賣點之一，且公魚尾柄必須是乾淨的藍色而沒有黃斑。

## 背鰭 30%

1. 背鰭尺寸（10 分）：一般來說，孔雀魚的評分重點在於背鰭的上擺長度為尾鰭的 1/3，若達到則可獲得滿分。未達者則酌量給分。市面上已經有硬骨大背的草尾，在亞洲來說，可以大大地為魚隻加分。但是要注意的是，大背鰭在亞洲國家雖然非常吃香，但若要送去歐洲比賽，大背藍草可能還會被扣分唷！
2. 背鰭形狀（10 分）：評分重點在於背鰭撐起時，能強有而有力且鰭條平順。
3. 背鰭色澤紋路（10 分）：評分重點在於背鰭的色澤能與尾鰭的色澤接近。

## 泳姿 5%

泳姿是展現孔雀魚活力的指標之一，游起來是否有朝氣、是否協調，泳姿是否優美等，都是評鑑孔雀魚整體的要件，雖然佔分不高，但因孔雀魚的決勝關鍵往往在於魚隻給人的第一印象，也就是整體感，亦即魚隻的比例、色澤紋路、精神狀態等在瞬間給人的感覺所形成，因此泳姿便成為致勝的關鍵要素了。

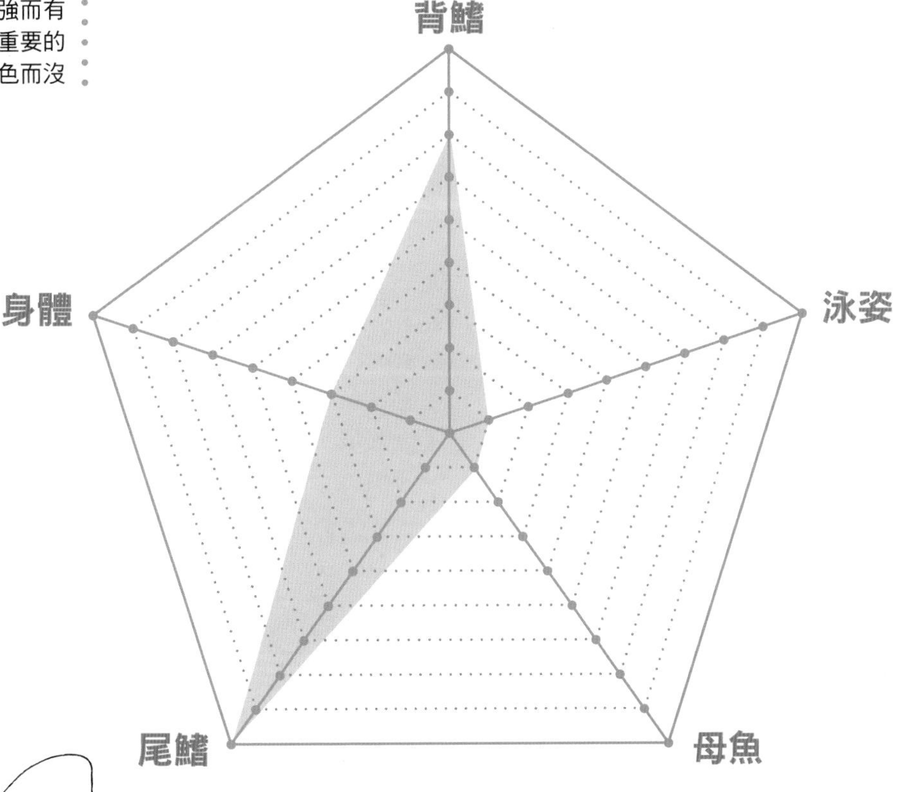


## 尾鰭 45%

1. 尾鰭尺寸大小（15 分）：

| 比例在 10/10 以上 | 15 分 | 比例在 9/10 以上 | 13 分 | 比例在 8/10 以上 | 11 分 | 比例在 7/10 以上 | 9 分 |
|---|---|---|---|---|---|---|---|
| 比例在 6/10 以上 | 7 分 | 比例在 5/10 以上 | 5 分 | 比例在 5/10 以下 | 3 分 | | |

2. 尾鰭形狀（15 分）：以亞洲目前比賽標準來看，扇尾的品種已經很少會得到裁判的青睞，三角尾（Delta Tail）是目前的趨勢，而歐美國家更是非常注重三角尾的表現。
3. 尾鰭色澤紋路（15 分）：評分重點在於尾鰭色澤均勻、有厚實感。針對草尾來說，尾鰭、背鰭和臀鰭的噴點越細越均勻，得到的分數也會相對提高。

## 母魚 5%

基本上大部分評鑑的重點都落在公魚身上，所以母魚往往會被參賽者忽略，但其實牠們也是評鑑的要點之一。評鑑孔雀魚母魚可依照體型為依據，身材渾圓、尾柄粗且短的母魚較佳，不過母魚會因系統不同而有不同標準，挑選方式亦有差異，這就要仰賴繁殖者自身的經驗去仔細觀察了。

除此之外，母魚和公魚的比例也很重要，在我多年的孔雀魚評審經驗中，有看過參賽者把一隻成年公魚和亞成母魚、甚至未成年的母魚混在一起囫圇吞棗，也見過有人把不同品系的母魚混進來。

紅尾禮服冠尾

# 冠尾傳說 The Legend of Crowntail Guppy

文：林安鐸 Andrew Lim

冠尾是一種非常冷門的品系，被引進亞洲也只有短短幾年的歷史，而且其基因複雜，所以一直沒有受到很大的迴響。不過，對於冠尾，喜歡的人就會很喜歡，討厭牠的人也不少。不喜歡冠尾的玩家，會覺得牠完全顛覆了孔雀魚的整體美感，不只背鰭和尾鰭像被撕裂，泳姿也好像病魚一樣，少了那份活潑和優雅。但偏偏就是有一些人，著迷於冠尾深奧莫測的基因，在繁殖和改魚方面下手，而創造出不少膾炙人口的作品。

## 冠尾的來歷

所謂的冠尾，即尾巴部分裂成很多撕條狀，其狀又似展示級鬥魚中廣受歡迎的冠尾系統，所以在孔雀魚界裡亦用“冠尾”稱呼之。而在日本則稱這種鰭型基因突變為“MERAH”，明顯的特徵是鰭條間有發生溶鰭的現象。冠尾孔雀最初被發表於 2005 年日本的魚雜誌上，而最早出現在台灣的冠尾即是白子蛇紋冠尾。拜泰國孔雀魚場之賜，冠尾在 2008 年大放異彩，各家爭相投入繁殖冠尾的行列，也造成早期冠尾高達兩百美金的網拍價直線下滑。種魚取得容易也讓冠尾衍生種不斷被開發出來，從最早的蛇紋冠尾到吸引全球目光的黃禮服冠尾等，也因為冠尾容易導引不同品系，幾年內冠尾就到了百花齊放的境界。

白冠尾被引進之後，在台灣和馬來西亞的孔雀魚比賽中，就不斷出現冠尾的參賽魚，並且不斷挑戰評審對冠尾的審美定義；也因為大部分評審對本品系陌生，所以在賽場上總是引起注意，但卻無法為該品系制定評審的基本要求。目前關於冠尾的評鑑要求，我們提出是背鰭和尾鰭都必須分裂，同時尾鰭撕裂狀越多越細，鑑賞價值有就越高；而撕裂狀必須延伸到尾柄才是最優。

## 基因

冠尾表現是由公魚 Y 基因遺傳，所以很容易將冠尾表現導入其他品系魚；但在導入過程中，F2 母魚也會出現冠尾表現，基因遺傳模式還在討論中。根據創造出冠尾孔雀魚的日本資深玩家 Juniichi Iio 先生透露，冠尾是顯性基因的主導者；意思是說，當我們把冠尾和非冠尾互交的時候，生出來的子代已經會有冠尾基因了。Juniichi Iio 先生也表明了，冠尾基因的表現完全是在程序上細胞死的症狀，而這種程序上死亡是為了更安全地去掉身上殘壞的細胞組織和未組織完的碎片，這種複雜的過程在基因學上稱為“Apoptosis”。

## 飼養意見

在飼養過程中發現，雄魚因冠尾基因所造成的撕裂壯會延伸至生殖器，影響公魚的生殖能力，所以在挑選種魚時要特別注意，避免母魚不孕。另外一項重點是，由於尾巴和背鰭形成撕裂狀態，將大大地影響公魚游泳的速度和姿勢，這也會間接影響到繁殖的進度。建議繁殖缸內公魚要多過母魚，以便增加機會。

藍尾禮服冠尾

黃尾禮服冠尾

黃蕾絲冠尾

藍尾禮服冠尾白子♀

蛇紋冠尾白子

蛇紋紅冠尾

**Tips**

冠尾在亞洲地區中，目前只有中國大陸、台灣和馬來西亞的比賽中有參賽紀錄。一般來說，由於參賽的組數不多，主辦單位都會把其列入特殊微型或是公開組。歐洲評審標準 IKGH 是以尾型來辨別比賽組別，跟亞洲以品系來辨別比賽組別不同而裝張三角尾的歐美玩家，則不認為冠尾可以登上大雅之堂而沒有把冠尾列入比賽組別內。

# 評薦基準

## 身體 25%

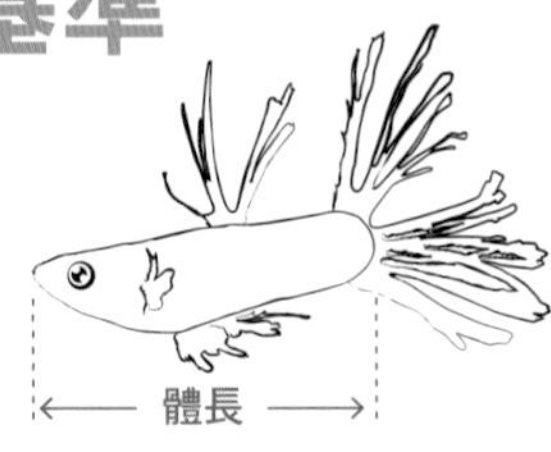


1. 身體尺寸大小（15 分）：

| 體長 20mm 以下 | 0 分 |
|---|---|
| 體長 20mm 以上 | 1 分 |
| 體長 22mm 以上 | 2 分 |
| 體長 24mm 以上 | 3 分 |
| 體長 26mm 以上 | 4 分 |
| 體長 28mm 以上 | 5 分 |

2. 身體形狀（5 分）：冠尾的尾鰭評分跟其背鰭一樣，分裂的必須均勻，而且是越多條越好。
3. 身體顏色與紋路（5 分）：評分重點在於尾鰭色澤均勻、有厚實感。能夠跟身體紋路搭配的則會加分。

## 背鰭 30%

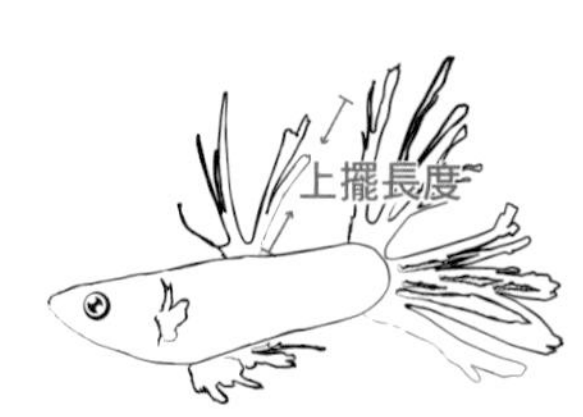


1. 背鰭尺寸（10 分）：一般來說，孔雀魚的評分重點在於背鰭的上擺長度為尾鰭的 1/3，若達到則可獲得滿分。未達者則酌量給分。由於瑪姜塔是野生孔雀魚改良出來的品種，所以背鰭還有很大的發展空間，目前瑪姜塔的背鰭都不會很大。在這個時候，評審員的知識便能發揮很大的作用，他們必須對瑪姜塔品系略有所知，才能評鑑瑪姜塔背鰭對整隻魚平衡度的標準；若是背鰭不會太過於小，評審也會給予超過 5 分的標準！
2. 背鰭形狀（10 分）：評分重點在於背鰭撐起時，能強有而有力且鰭條平順。
3. 背鰭色澤紋路（10 分）：評分重點在於背鰭的色澤能與尾鰭的色澤接近。由於瑪姜塔的色澤全身都不一致，一般上只要背鰭沒有太過於雜色的斑紋或黑斑，就不會被扣太多的分數。

## 泳姿 5%

泳姿是展現孔雀魚活力的指標之一，游起來是否有朝氣、是否協調，泳姿是否優美等，都是評鑑孔雀魚整體的要件，雖然佔分不高，但因孔雀魚的決勝關鍵往往在於魚隻給人的第一印象，也就是整體感，亦即魚隻的比例、色澤紋路、精神狀態等在瞬間給人的感覺所形成，因此泳姿便成為致勝的關鍵要素了。由於冠尾尾巴的破裂，泳姿肯定不會自然，評審要點主要在公魚能否很協調地在魚缸裡面暢泳，而不是一直沉在缸底或躲在水妖精的後方

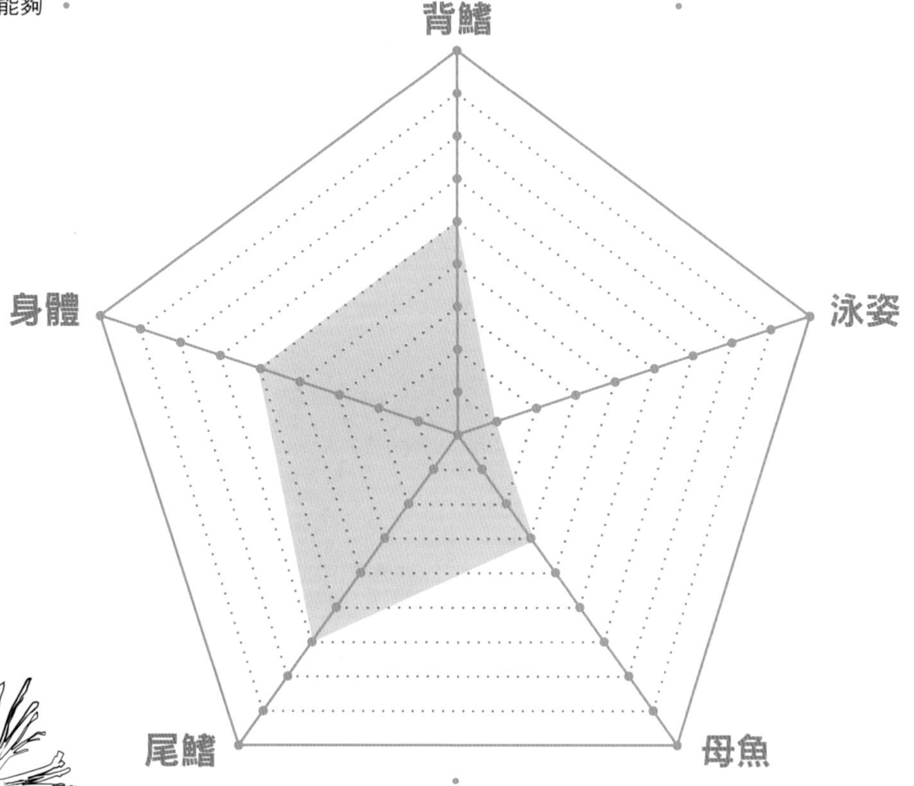


## 尾鰭 45%

1. 尾鰭尺寸大小（15 分）：

| 比例在 10/10 以上 | 15 分 | 比例在 9/10 以上 | 13 分 | 比例在 8/10 以上 | 11 分 | 比例在 7/10 以上 | 9 分 |
|---|---|---|---|---|---|---|---|
| 比例在 6/10 以上 | 7 分 | 比例在 5/10 以上 | 5 分 | 比例在 5/10 以下 | 3 分 | | |

2. 尾鰭形狀（15 分）：冠尾的尾鰭評分跟其背鰭一樣，分裂的必須均勻，而且是越多條越好。
3. 尾鰭色澤紋路（15 分）：評分重點在於尾鰭色澤均勻、有厚實感。能夠跟身體紋路搭配的則會加分。

## 母魚 5%

基本上大部分評鑑的重點都落在公魚身上，所以母魚往往會被參賽者忽略，但其實牠們也是評鑑的要點之一。在冠尾的評審中，母魚雖然佔的百分比很低，不過卻考驗到玩家的選魚功力，因為冠尾母魚會跟公魚一樣，尾鰭和背鰭都會有被撕裂狀的狀況，所以若以玩家想以別的品系囫圇吞棗，就大大地考驗評審眼光了。

虎斑半禮服矛尾

# 半禮服 Saddle Back

文：林安鐸 Andrew Lim

這次主要介紹之品系的英文名，其中“Saddle”即馬鞍之意，說明魚背的特殊紫色或黑色猶如安裝在馬背上的坐鞍；由於其身體表現又像禮服特有的黑腰身，但只呈現一半，又可稱之為“半禮服”。但部分國外魚友則指聖鞍品系其尾柄底色應該是黃色，若表現非黃色（通常為藍色）則稱半禮服。

## 典故

在 2009 年 3 月 28 日，有一尾半禮服藍馬賽克在專第二屆國際交流賽拿下小組冠軍。接著在 2009 年三月份泰國孔雀魚大賽中，一尾生性活潑、好動的原生種 Saddle（半禮服）直接登頂，拿下全場總冠軍，為當時泰國水族界扔下一顆威力十足的震撼彈，引爆泰國水族界近期最熱門的話題；再反思目前各國孔雀魚比賽標準中，原生孔雀魚可以登頂是匪夷所思的，但泰國民族的個性卻化不可能為可能，造就新魚種在泰國水族界發燒！半禮服腰間顏色搭配是讓人如此過目不忘，日本人首先將此魚基因導入馬賽克中；在 2005 年，Pisces 出版社更在再版筒井良樹先生著作時，再增補版發表了半禮服馬賽克的原型。

雖然日本人在 05 年就將此品系發表，但三年後才讓這品系發紅發紫，這都要歸功於泰國孔雀魚比賽跟雜誌社的推波助瀾。在發現本品系後，我就積極游走魚泰國水族市場尋找此魚。本品系雖然在 05 年就被發表，但在當時泰國水族市場仍是很新鮮的品系，加上本魚剛拿下全場總冠軍的頭銜，雖可在魚市發現其蹤跡，但身價卻高高在上，再不然就是沒有母魚可供配對，當地孔雀魚場都積極地網羅本品系以進行繁殖，造成市場短缺。所幸透過熟悉泰國魚友的幫忙，業者才願意釋放一對親魚讓我帶回馬來西亞。

## 基因

Y 基因：聖鞍

X 基因：半禮服

半禮服的基因在亞洲被認為屬於禮服的基因，在學術上則被稱為 nigrocaudatus(ni) 基因，這基因是在 1974 年被歐洲科學家 O. Nybelin 所發表。半禮服是直系遺傳 (secedlinked) 的主導者，意思是說基因直接由 X 或 Y 基因遺傳到下一代。而國外有一些繁殖研究說明 Y 基因的半禮服要比 X 基因銇德脆弱，為此筆者特地就此致電給加拿大著名孔雀魚基因研究家 Philip Shaddock，而夏鐸克先生否定了此定案，至少在他所研究和繁殖的半禮服中，並沒有出現特別脆弱的個體。

法國好友兼孔雀魚玩家 Ronan Boutot，在他的書中更是有一段誇張的描述，他指出有些半禮服呈蛇紋形狀的品系，但由於黑色部分不是很明顯而常常被盤除在比賽之外，因為主辦單位根本無法把此魚歸納在任何一個組別（註：歐洲比賽並沒有 AOC 其他組別）。Boutot 先生指出這些魚其實根本就是名副其實的半禮服，只是黑色素細胞還沒有完全地向身體下方轉移，而這種缺少黑色素的個體，是因為孔雀魚身上卻少了某種蛋白質。Boutot 先生這麼清楚的分析孔雀魚，著實讓筆者深感欽佩。

半禮服紅冠尾

黃化白金半禮服矛尾

## 飼養意見

目前所知的聖鞍品系是公魚將身上特徵遺傳給子代，唯一要注意的是，其子代自交很容易讓聖鞍搶眼的色彩黯淡，造成退化的可能性。在飼養過程中，並非所有 F1 子代中的魚之尾柄底色都呈現黃色，有一大部分以非黃色出現。筆者建議，若要讓黑色部位明顯突出，盡量不要導入白金基因。

## 評鑑基準

半禮服由於是基因的導入體，因此在比賽中沒有獨自的一個組別。在亞洲，若有半禮服的參賽魚出現在賽場，一般是依據品系來歸納參賽組別。例如半禮服馬賽克將被列入馬賽克組，半禮服蛇紋矛尾將被列入矛尾組

也此類推。在歐洲賽場中，尤其仕德國家，更是把半禮服發揚光大的佼佼者。然而，主張三角尾的 IFGA 比賽中，到目前為止還沒有見到半禮服的參賽紀錄。

馬鞍矛尾（半禮服矛尾）

虎斑半禮服圓尾

上擺長度

# 評薦基準

## 身體 25%

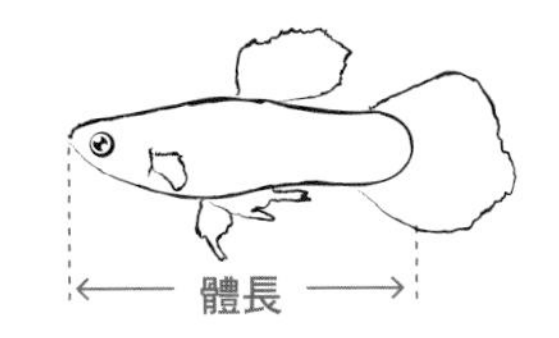


1. 身體尺寸大小（5 分）：

| 體長 20mm 以下 | 0 分 | 體長 24mm 以上 | 3 分 |
|---|---|---|---|
| 體長 20mm 以上 | 1 分 | 體長 26mm 以上 | 4 分 |
| 體長 22mm 以上 | 2 分 | 體長 28mm 以上 | 5 分 |

2. 身體形狀（10 分）：身體的高度為體長的 1/4，若頭部到背鰭的部分有突起或凹陷，或體幅不均勻或身體彎曲變形，都回達成扣分的要件。半禮服跟其他三角尾的品系一樣，身體腰部至尾部必須要粗壯，太瘦小或駝背則會扣分或淘汰。
3. 身體顏色與紋路（10 分）：身體特色需強而有力地顯現出來。目前市場上的半禮服大多數以紋路系列為主，由於在尾鰭和背鰭上的缺陷，身體若是有紋路或顏色鮮豔，將會得到較多的分數。而半禮服的特徵 --- 黑色的部位也要非常明顯地表現出來。

## 背鰭 25%

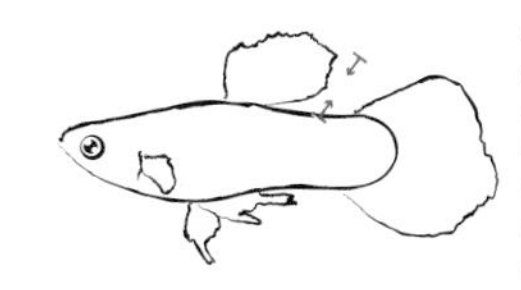

1. 背鰭尺寸（10 分）：一般來說，孔雀魚的評分重點在於背鰭的上擺長度為尾鰭的 1/3，若達到則可獲得滿分，未達者則酌量給分。
2. 背鰭形狀（5 分）：評分重點在於背鰭撐起時，能強有而有力且鰭條平順。
3. 背鰭色澤紋路（10 分）：評分重點在於背鰭的色澤能與尾鰭的色澤接近。

## 泳姿 5%

泳姿是展現孔雀魚活力的指標之一，游起來是否有朝氣、是否協調，泳姿是否優美等，都是評鑑孔雀魚整體的要件，雖然佔分不高，但因孔雀魚的決勝關鍵往往在於魚隻給人的第一印象，也就是整體感，亦即魚隻的比例、色澤紋路、精神狀態等在瞬間給人的感覺所形成，因此泳姿便成為致勝的關鍵要素了。

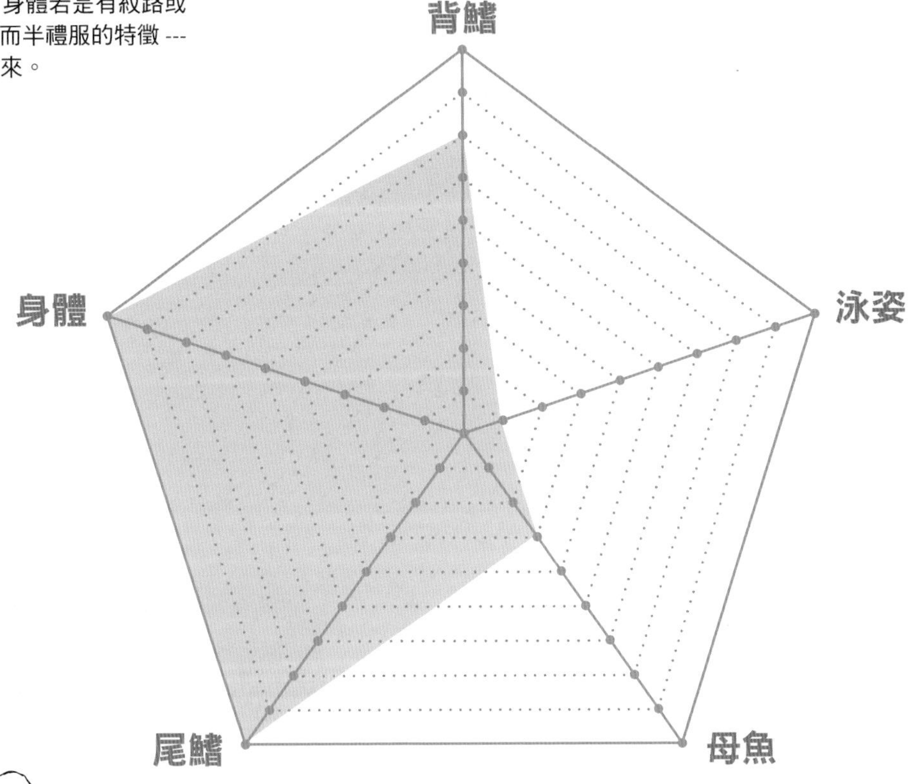


## 尾鰭 45%

1. 尾鰭尺寸大小（15 分）：

| 比例在 10/10 以上 | 15 分 | 比例在 9/10 以上 | 13 分 | 比例在 8/10 以上 | 11 分 | 比例在 7/10 以上 | 9 分 |
|---|---|---|---|---|---|---|---|
| 比例在 6/10 以上 | 7 分 | 比例在 5/10 以上 | 5 分 | 比例在 5/10 以下 | 3 分 | | |

2. 尾鰭形狀（10 分）：半禮服草尾或馬賽克均需要有整齊完整的三角尾。短尾者則須依據所報名的組別，矛尾、園尾或針尾都必須在各自的組別中表現出來。
3. 尾鰭色澤紋路（5 分）：評分重點在於尾鰭色澤均勻、有厚實感。能夠跟身體紋路搭配的則會加分。

## 母魚 5%

基本上大部分評鑑的重點都落在公魚身上，所以母魚往往會被參賽者忽略，但其實牠們也是評鑑的要點之一。在冠尾的評審中，母魚雖然佔的百分比很低，不過卻考驗到玩家的選魚功力，因為冠尾母魚會跟公魚一樣，尾鰭和背鰭都會有被撕裂狀的狀況，所以若以玩家想以別的品系囫圇吞棗，就大大地考驗評審眼光了。

野生色金屬紅孔雀

# 淺談 白金 & 金屬基因

文：林安鐸 Andrew Lim

白金和金屬品系是一個比較冷門的表現，也比較少玩家在玩。不過還是有必較左一個介紹，好讓喜歡這些品系的孔雀魚愛好主有更深入的認識，也讓沒幾處過的朋友們有機會可以暸解、甚至喜歡上這些迷人的孔雀魚。

**白金 V.S 斯托巴赫**

白金（Platinum）和斯托巴赫（Stoerzbach）都是孔雀魚玩家賦予新改良孔雀魚的新名稱，牠們雖然很相似，不過卻截然不同。在基因學上來說，白金是屬於 Y- 基因（Y-Linked）的代表，而斯托巴赫則是隱形基因的代表。

金屬豹紋小圓尾

白金日本藍 藍尾

## 基因代表

### 白金：

說到白金，大家比較熟悉的可能就是白金雙劍（Platinum Doublesword），或稱為“Schimmelpfennig Sword”，牠是由德國玩家 Horst Schimmelpfenig 所創造出來的品系。好幾年前在東南亞一個孔雀魚論壇中，英國人 Claus Osche 說明了白金劍尾是從維也納綠寶石劍尾中演變而來的，而白金劍尾的出現，也造就了之後歐洲許多玩家改良出不少著名的白金品系。1980 年代，日本玩家 Hoshiki Tsutsui 跟斯托巴赫博士購買了一些雙劍，自此之後，白金雙劍開始在亞洲發光發熱，從而流行到現在。

### 斯托巴赫：

很多人對斯托巴赫還比較陌生，牠是由歐洲人 Dr. Otto-Michael Storzbach 所發表。在歐洲，白金品系可以被稱為 Stoerzbach、Platinum、Leucophore 或者 Full Gold，但其實嚴格來說，“Leucophore”在孔雀魚玩家中並不是一個常用的形容詞，它是形容完全沒有白金表現的全白孔雀魚，不過因為它包含了黃金金屬的基因，所以在外貌上常被人誤解為白金品系的孔雀魚。斯托巴赫也可說是歐洲孔雀魚發展的工程師，這種表現的孔雀魚主要是在身體周圍都被有光亮的金屬藍或綠色所覆蓋。此外，瑪姜塔（magenta）也是金屬孔雀魚的代表者，不過牠們並沒有被列入白金品系。2000 年代在歐洲，許多人都認為瑪姜塔擁有斯托巴赫（Stoerzbach）基因，不過後來被證實這是一個錯誤的假設。這個品系無論是在被定型或在比賽中的組別歸納，都常常出現一些被人誤解的錯誤，舉個例子來說，日本藍腹部中的淺藍色表現以及珊瑚紅孔雀魚在身上所表現出刺眼的閃亮色彩，這兩種到底是白金還是斯托巴赫呢？

白金紅矛尾

### Leucophores：

Leucophores 一詞是形容孔雀魚中擁有的白色細胞，當孔雀魚的身體出現絕大部分都是白色時，我們稱其為擁有 Leucophores 基因，其中白尾禮服就是一個很好的例子。泰國玩家在 3 年前創造了全身白色的全白金白子（Albino Full White Platinum），這個名字或許有些錯誤，但牠就是非常經典的 Leucophores 基因的代表作。

### 金屬：

金屬基因在歐洲被稱為“Metallic Gold（Mg）”，是典型的 X 基因（X-linked）遺傳代表。有養過全黃金（Full Gold）的玩家應該還記得這魚是新加坡漁場的代表作，其全身金黃色的表現非常討喜，而從牠們身上散發出來的金黃色金屬表現就是來自金屬基因。

## 評鑑標準

在賽場上，金屬品系和白金品系都比較少會有各自的組別，一般都是不分體色、混合參賽。舉個例子來說，白金雙劍就會被列入劍尾組，而金屬藍草尾就會被列入草尾組。

白金日本藍紅劍尾

金屬蛇紋藍草尾

金屬米卡利夫粉紅禮服

金屬紅蕾絲圓尾

個人認為白金品系的難度會比金屬來得高，主要原因是金屬的基因比較容易蓋過孔雀魚的體色，甚至會影響背鰭和尾形的發展。白金品系在賽場比較少見，在評審的時候，若可以看得出飼養者是在用心改魚的話，我會不吝嗇的加分。若是魚隻的胸鰭、背鰭、腹鰭、尾鰭都覆蓋著一層白金色，那這條魚可說是非常優秀的白金品系。白金品系目前還無法做到大背又覆蓋整個背鰭都是白金表現的魚，所以在評分的時候，裁判可能會比較注重身體白金的

黃化白金日本藍紅雙劍

黃化白金紅矛尾

白金黃尾禮服

白金紅尾（象耳）

白金珊瑚黃馬賽克圓尾

白金底劍

半金屬藍蕾絲

表現，當個體的白金色澤比較耀眼、且覆蓋身體部位比較多時，就會得到比較高的分數。

金屬品系方面，紋路系列的金屬品系會比單色系列的金屬品系得到較高的分數，畢竟前者在培育與紋路維持上要比後者來得困難，更別說是要達到參賽水準了。舉個例子來說，金屬蛇紋不只是要注意身體前半部的金屬表現，評審也會注意尾巴和身體後半部的紋路發展，甚至背鰭的大小和紋路也會影響評分的標準。至於單色系的金屬品系則較沒有這方面的顧慮，一般來說只要身體不駝背、尾鰭沒有破，即可達到不錯的水平。

## 結語

總的來說，在孔雀魚比賽中，有些國家不會特地開闢一個組別給金屬和白金。在東南亞的賽場中，僅有新加坡的 Aquarama 比賽有增設這一個組別；至於其他國家的賽場，大多數的金屬與白金都會被歸納入公開組，或被併入和尾形相同的組別。而在改魚方面，只要先去確定自己要改什麼魚，然後去瞭解種魚到底是 Y 基因還是顯性基因，要改出自己心目中理想的白金或金屬品系，其實並不難。希望這篇文章可以解除一些人對白金、金屬和全黃金的誤解，並期待在不久的將來可以看到更多新品系的出現。

# 水草造景和孔雀魚的微妙關係

文：水族范店（范純舜）

有著繽紛顏色的孔雀魚，一直是大家喜愛的水族魚種，但孔雀魚偏好弱鹼性的水質，如何在偏弱酸性的水草缸中飼養呢？其中的微妙關系如何？

## 孔雀魚和水草的特性

孔雀魚偏好弱鹼性的水質，水草缸偏好在偏弱酸性，但還是許多人會把孔雀魚飼養在水草缸中。

而水草造景缸大多是偏向弱酸性，其實也是可以飼養孔雀魚，在這個環境中一樣會生長和繁殖，但可能不會像單純的裸缸飼養這麼簡單，需要有條件的相容。

因此，在水草造景缸中，水質因久而無換水，水質過酸，會引起大尾型孔雀魚的溶尾，就是因為水質太酸，會破或讓尾巴消失。因此在水草造景缸飼養孔雀魚，定期換水，讓水質保持穩定。

## 用草缸養孔雀魚會不會養不好？

專業飼養純種孔雀魚的玩家，大都是用只鋪設一半底砂氣動式過濾的半裸缸及靠水妖精過濾的裸缸，二種方式。

但想輕鬆在自已家中的孔雀魚缸裡面輕鬆飼養及增加水草造景也不是困難的事，首先底砂的選擇，避免使用偏鹼性的珊瑚石，珊瑚石偏鹼硬度高，顆粒粗，不利於水草生長。

細顆粒且酸鹼質中性偏弱材質都很適合，例如：大磯石、美國細砂、溪砂、黑土……等等，都水草和孔雀魚使用上很好的生長底材。

半底砂氣動式過濾

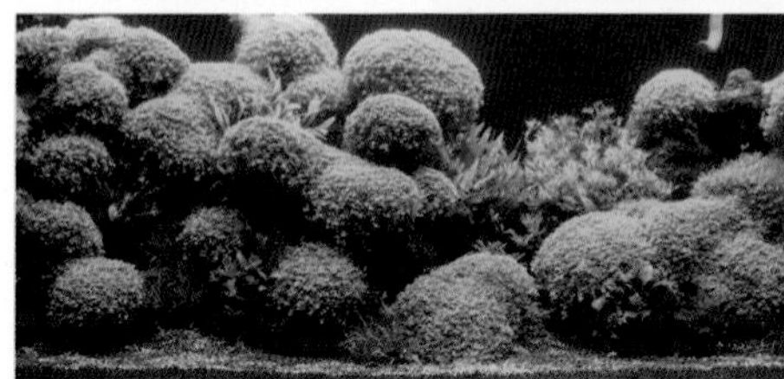

大磯石

美國細砂

溪砂

黑土

## 孔雀魚適合的水草種類？

因孔雀魚的特性，要考量到各種水草的相容性，所以挑選些環境不會太要求且好照顧的水草比較合適，水草當中，陰性草是這類水草統稱，生長慢又對水質，陽光及二氧化碳要求極低就能存活的水草類別，常見的有小榕、迷你小榕、鐵皇冠、莫絲、水蘭…等等的水草

如果想要讓孔雀魚繁殖，仔魚可以躲藏，一些生長較快速，且密度高的水草就很適合，這類型的水草統稱為陽性草，生長快，需要較多的光照，需要肥料，顏色艷麗。在陽性水草中有些好種植的草種，例如金魚草、金錢草、香香草、水芹、水羅蘭…等等。另外也可以搭配，漂浮在水面上的水芙蓉，葉型大的浮萍等吸取水中大量硝酸鹽也都是很好的選擇

食藻性螺

食藻性螺

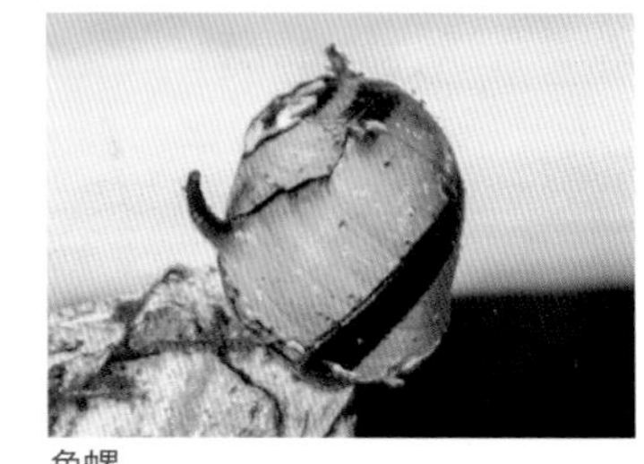
角螺

## 孔雀魚水草造景缸需注意事項

想在水草缸飼養孔雀魚，如何找到相容的生物，以及想把孔雀魚養的肥美，需要大量的蛋白食物，同時造成較多的排洩物，造成整理上的麻煩，可以在其中飼養小型溫和的米蝦，將魚隻排洩物二次分解，分子變小後，對水的污染就降低。放入適量的食藻性螺、笠螺、角螺，幫助清潔缸面的藻類及青苔。

飼養孔雀魚的朋友會習慣性加入鹽，用於治療及檢疫魚隻的狀況，在孔雀魚水草缸中，需要避免這種行為，鹽對水草及螺蝦生物是種傷害，如遇到需要在缸中使用鹽處理，請另設一個檢疫缸，把問題魚移至檢疫缸中做鹽的處理。

浮萍

水芹

香香草

金錢草

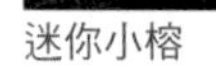
迷你小榕

迷你小榕

鐵皇冠

三角莫絲

# 關於莫斯科藍的源頭與遺傳模式的爭議

文 / 劉士銓

迷人的莫斯科藍品系，那迷炫人的藍彩始終帶著神祕的面紗
讓無數人為牠癡迷與迷惑，讓我來為您解開這獨特品系的秘密吧！

## 序　言

莫斯科藍（Moscow Blue）這條具有迷人的深藍黑色體色的孔雀魚品系，自從 1996 年經筒井良樹先生自歐洲引進 120 對到日本，並在日文水族生活雜誌（Aqua Life magazine）上其新孔雀魚的招待的專欄中發表莫斯科藍的專文曝光後（這篇文章經報主自以前迄今所搜集到的資料來看，應該就是莫斯科藍的命名源頭，所以說筒井良樹先生為莫斯科藍的命名者應不為過！），在日本孔雀魚界隨即造成轟動，當時正值臺灣第一波大規模孔雀魚比賽推廣熱潮剛萌發的時候，因此在當年底（1996 年底），即由現已歇業的侏儸紀事孔雀魚專賣店的前店長盧韋成兄經由被尊稱為日本孔雀魚大師的秀島 元先生的管道第一次引進日本系統的莫斯科藍到臺灣來。

因為報主早在大學時代就與臺灣的幾家水族雜誌社有在其雜誌上發表水族文章的合作關係，因而有機會養成閱讀收藏日文水族雜誌中本人感興趣的內容的機會與習慣，因此當報主讀過筒井兄的這篇新資料後，又聽到非常熟識的“師兄”--- 盧韋成兄引進了此種非常新的孔雀魚品系，當然馬上等不及的成為第一批日系莫斯科藍的擁有者，而這也就是報主與莫斯科藍最早結緣的開始。

之後，李振陽兄又由德國玩家的管道引進歐洲的莫斯科系統【莫斯科藍、莫斯科綠、莫斯科紫】來臺灣，報主也在第一時間跟李兄引進了歐洲系統的最原始的莫斯科藍品系。

## 莫斯科藍的特殊爭議點

提起因為莫斯科藍引起的爭議，是因為報主在孔雀魚網路論壇上，跟一些魚友在討論關於莫斯科藍的遺傳是帶有哪種基因時，質疑許多魚友為何仍相信莫斯科藍是金屬系統的特殊品系？並提出【莫斯科藍並不是帶有傳統已知的金屬系統基因的孔雀魚，而是一種特殊藍化的品系！】的理論，立即引起兩個報主常上去發言的孔雀魚論壇上一堆魚友的質疑與追問。

其實，報主對於莫斯科藍的瞭解，雖不敢說完全已摸清楚了，但因為從莫斯科藍一開始引進到台灣，報主即與其結下很深的因緣，算是臺灣最早接觸到莫斯科藍的一批玩家，並對牠也早就利用各種方式來探討過了，所以報主會提出這樣的理論，第一前提當然有豐富的經驗來支持，再來其實在日本及歐洲方面甚至是臺灣本土的專業水族雜誌文獻上，也早在多年前開始就有許多知名且專業的孔雀魚玩家陸續提出不少可信的証據來證明此理論了。

再者，由於報主有感於即使在現在的狀況下，在華人的網路世界裡，似乎仍有許多的魚友還是認為莫斯科藍是帶有金屬基因的，即使報主之前在本電子報上，一再很熱心的為大家提供一些相關佐證，告訴大家另一個正逐漸為全世界各國孔雀魚玩家認同相信的主流理論，結果卻招來一些很不以為然的回應，除了讓報主對這些魚友無法接受不同的理論覺得很不可思議外，還覺得非常可惜呢！

透過網路的便利，常在觀摩國外的許多玩家們對莫斯科藍的運用時，發覺他們竟然可以將其發揮出很讓人驚喜的可能性，例如莫斯科紅就是目前臺灣最熱門的但來源卻眾說紛云的一條魚，而這條魚在報主 1999 年為魚雜誌編寫日本孔雀魚特輯時，早就有介紹過其原型（莫斯科藍紅尾緞帶）了！最近在逛日本網站時，更看到莫斯科紅的另一線相關育種過程。（有某些玩家聲稱最早是由美國玩家 Luke 命名莫斯科紅的，但其實其遺傳模式跟美國全紅一樣，呵……，這讓報主產生了兩個疑問？第一個疑問是那位玩家命名此魚的時間，不知有沒有比報主在 1998 年透過 TGA 在引進 JGBC 的日本孔雀魚時知道有這款魚早呢？另一個疑問是照這樣的說法，是否是說這位美國玩家就是濫用莫斯科名稱來命名的源頭呢？）

看到國際上的玩家因為早明瞭莫斯科藍的遺傳理論，善用來創造出另外的美麗延伸品系，而反觀國內的狀況，即使當初有很多積極的貿易商及玩家以最快的速度引進此系統來給大家，卻因為認知的差異，即使時隔多年後仍有很多人還在為此而混亂，報主不得不以強烈質疑的發言引起大家的注意，並趕快運用時間儘快重整相關資料，於是本篇專文於焉產生。

附註：
TGA= 臺灣孔雀魚協會
JGBC= 日本孔雀魚育種者俱樂部

## 關於莫斯科藍的源頭的證據有哪些？

由於我對新到手的孔雀魚，都有想要將他的特性摸清楚，好利用來創作新魚的習慣，所以當初就乾脆利用部份的日本來的莫斯科藍仔代作【基因檢定交配試驗】，來證實其到底是不是由金屬系統改良出來的？

但是由於【基因檢定交配試驗】的結果實在太奇怪了！根本與金屬的品系及遺傳模式的定義不大相同，開始讓我產生強烈的懷疑〔莫斯科藍真的帶金屬系統基因嗎〕！？

在探索這問題的過程中，報主先後經由好友詹雲龍兄及李振陽兄的指教，並經由查閱國外專業水族雜誌及專書中的相關資訊，加上因為幫魚雜誌校稿而意外閱讀到的一篇翻譯專文，由這樣多元化的資訊來源所得到的資料，全都將莫斯科藍的源頭指向同一方向：莫斯科藍來自與黑摩利的異種雜交！！！

得到這與既有認知全然不同的大膽理論資訊，雖然很讓人不可置信，但卻是與我的實際經驗完全符合，因此我也很自然就接受此一理論迄今。

接下來就讓我來介紹這些證據吧！！

## 德國 DATZ 雜誌的敘述

在 1995 年 4 月號的德國 DATZ 雜誌（全歐洲甚至全世界最大的水族雜誌）的孔雀魚特輯中，第一次出現了全身深黑藍的孔雀魚，而內文敘述說此魚來自莫斯科！

第一次看到照片，實在讓報主感到似曾相識！當李振陽兄告訴我這魚是孔雀魚跟黑摩利異種雜交而成的，立刻讓報主馬上想到報主曾幫忙魚雜誌校稿的那篇翻譯專文，沒錯！這張照片就是來自那篇專文的德文原文！

而這就是此篇專文的重要證據 -- 這兩條魚正是莫斯科藍的源頭 --- 黑摩利跟孔雀魚的異種雜交的前面幾代的原型！！

大家看牠們身體上的深黑藍色是否跟莫斯科藍的顏色幾乎一模一樣呢？！！

而很讓人驚訝的是，全黑的黑摩利跟孔雀魚雜交之後，卻出現此種深黑藍的色彩，實在讓人對造物主的神奇，又一次有崇敬之心！

此篇專文先說這系統的魚早在 1985 年即已出現在莫斯科，也指出莫斯科藍是由黑摩利與孔雀魚雜交再篩選培育固定的，更指出：

由公摩利魚與母孔雀魚交配產下的仔代稱為
摩比魚（moppy）

由公孔雀魚與母摩利魚雜交產下的仔代稱為
古莉魚（gully）

這樣的資訊顯示，孔雀魚與他種卵胎生花鱂科魚類雜交不但可行，而且還證實其雜交子代具有生殖能力！！

## 日文專業孔雀魚圖鑑書上的敘述

提到關於莫斯科藍的源頭，絕對不可不提到日本頂尖孔雀玩家筒井良樹先生！因為他就是把莫斯科藍引進日本的人！

也因為他的引進與發表出莫斯科藍這名稱，自此全世界對此種渾身深黑藍的孔雀魚系統，有了很響亮且可讓人印象深刻的名字！

筒井良樹先生自 1996 年將莫斯科藍系統引進到日本之後，隨即在日本造成莫斯科藍的熱潮，而對於莫斯科藍的源頭與遺傳模式的探討也有很多不同的看法，當然在起初也有很多日本孔雀魚玩家也是認為莫斯科藍外表與全金屬頗為相似，加上金屬的源頭也是來自於莫斯科的孔雀魚玩家，因而判定莫斯科藍為莫斯科（金屬莫斯科）孔雀魚家族，其中持有這樣看法的主流包括日本少數世界級孔雀魚大師 --- 岩崎 登先生！！

因為有大師級的孔雀魚玩家也認為莫斯科藍的來源為如此，所以更深深影響日本很多的玩家！！但是由於筒井良樹先生也是屬於實驗派的，他也發現莫斯科藍的遺傳不是跟金屬系統一樣的Y基因型，而是所謂的常優型（註：常染色體 = 體染色體優性 = 顯性），加上他也看到了德文 DATZ 雜誌 1995 年 4 月號的同一篇文章，所以他在 1997 年出版的日文孔雀魚圖鑑書（Guppy base book V.I）中的第一篇專文中，即發表他所謂的超大膽假說 --- 莫斯科藍是由黑摩利跟孔雀魚雜交而來的嶄新品系！

## 莫斯科藍（古銅）的作者的證實

在臺灣的孔雀魚資深玩家裡，除了李振陽兄曾指點我關於莫斯科藍的一些資訊外，另一位非常值得一提的頂尖玩家，就是新格孔雀魚專賣店自日本禮聘的前店長 --- 詹雲龍兄！！

剛認識他時，報主就被他豐富的實戰作魚經驗所吸引，後來才知道他可是在日本研究生技學成歸國的碩士呢！！因為他在日本對孔雀魚即十分感興趣，常與齋木孝夫等早期 TGBC 的知名玩家切磋交流，除了掌握日本第一手的孔雀魚資訊外，更因為他的生物技術領域的專業背景，而使他在孔雀魚的培育上，有獨到的見解與成就！！

而最讓報主佩服詹兄的，就是他自行用黑摩利與孔雀魚雜交再修正培育的孔雀魚作品 -- 莫斯科古銅綠！

報主第一次見到此魚時，由於莫斯科藍才剛進口不久，所以報主到詹兄執掌的新格孔雀魚專賣店（原奇氏孔雀魚專賣店的房東接手）處聊魚經時，見到此魚即脫口而出說：莫斯科藍，但又覺得好像顏色似乎很不同。

經詹兄解釋方才知道這魚是跟莫斯科藍類似的品系，但卻與筒井良樹先生的莫斯科藍完全不同源，這就讓報主很好奇的追問下去，方才得知他是用特定比例的藍尾禮服公魚與黑摩利母魚放在同一缸中任其自然交配，在數組交配組合難得交配成功產出子代後，再透過不斷反交與雜交，修正雜交後的體型變異，取得與孔雀魚相同體型之後，先後再以藍尾及綠尾（綠巨人）品系去改大尾鰭且保有全身體色深黑無光澤的子代，再逐步純化而成的，這艱辛的培育過程前後耗時二年多，但是因為擁有黑摩利的巨大體型的因子，使得此品系的魚都可長到十分巨大，部份公魚個體甚至可長到 7~8 公分，母魚可達 10 公分以上！！！

起初報主當然對這樣的嶄新作法十分懷疑，但當詹兄出示此魚的母魚時，報主就完全接受詹兄的說法了！因為此品系的母魚竟然帶有黑摩利母魚的背鰭特徵！！！

而莫斯科古銅綠則是他原種新魚（類似莫斯科黑）數代之後再分出的特殊品系，報主與詹兄也都認為這應該是綠巨人品系的反祖現象顯現的緣故！！！當時就與詹兄討論此魚該如何命名？由於此魚的育種過程與莫斯科藍的來源類似，所以就與詹兄共同命名為莫斯科古銅（綠）！當報主自 1998 年開始為魚雜誌編寫孔雀魚玩賞實用手冊，在介紹臺灣玩家的傑出作品，企圖整理出屬於臺灣自己的孔雀魚玩賞系統時，當然就把詹兄的作品收錄進這本專書了！當時雖然明知詹兄在日本育成此品系的時間為 1995 年，但一時不查誤寫成 1998 年，在此順便向詹雲龍兄道個歉囉！！！

## 異種雜交的可能性？？証據在哪兒？

當然一定有很多魚友會質疑這異種雜交的理論，有違生物學不同種雜交無法繁衍後代的定律，但是那在高等脊椎動物的確是如此，而在魚類好像也有很多證據！

但是異種雜交的子代仍具有生殖繁衍後代能力的例子，事實上比比皆是喔！！如最近曾流行過的花羅漢正是同屬異種雜交仍有繁衍後代的最新例子！此外，泰國鬥魚與和平鬥魚還有翡翠鬥魚這三種鬥魚，彼此之間可以任意雜交，且可因此產生更亮麗的後代的事實，早已在東南亞被視為稀鬆平常見怪不怪的事了！！

至於跟孔雀魚有關的証據呢？大家熟知的安德拉斯雙劍孔雀，原被視為孔雀魚的一個品系，但最近國際上已將牠獨立成為一個品種，只是在分類上跟孔雀魚血緣很接近而已！！此外，下面還有一些例子可證明這個異種雜交的情形在生物界尤其是魚類是十分常見的現象呢！！

## 莫斯科藍的遺傳模式的爭議

大家看了這麼多報主為大家找到的關於莫斯科藍來源的一些証據後，一定還會有人堅持莫斯科藍身上的藍黑斑來自於金屬系統！！其實，會有這觀點也無可厚非，由於莫斯科藍在剛在日本及台灣的孔雀魚界出現時，當時實在是太新的品種了，所以關於牠到底是怎樣遺傳其特有的藍黑色卻帶金屬光澤的體色？說實在當時大家也只能用猜的，因為在當時對日本及臺灣玩家而言，跟莫斯科藍看來最相近且已可完全掌握遺傳模式的孔雀魚系統只有金屬（Metal）及全金屬，因此我最初也猜想是全金屬作出的莫藍尾？

但是，眾所週知的金屬系統是屬於公魚身上 Y 染色體帶基因的所謂 Y 基因型，但是經過與他種純系品系的試交（嘗試交配）後，卻發現莫斯科藍的母魚竟然跟他種公魚交配也是強勢地把藍黑色導入其雜交子代中，這就太過奇怪了（難道基因重組過了，並把金屬基因轉移到 X 染色體上了嗎？）此外，當初以為是莫藍色系（rr）的全金屬，但用莫斯科藍配紅尾禮服的母魚卻發現仍然尾巴是紅底上有藍黑色光澤，很顯然莫斯科藍也不是莫藍尾的型態！！！

此外，莫斯科藍為何有的渾身黑的發亮，但有的卻是薄薄的灰藍光澤呢？以上種種的疑點實在很讓人疑惑，那麼到底莫斯科藍得遺傳模式為何呢？

## 帶金屬基因嗎？？

莫斯科藍到底是不是帶有金屬的基因呢？這是報主一開始就在試交作基因檢定實驗所探討的主題！當時我剛

莫斯科藍

莫斯科藍紅尾

莫斯科藍白子

開始用的是紅尾禮服以及黃尾禮服，但是經由一些觀察以及試交後的奇怪結果卻讓我強烈地懷疑莫斯科藍與金屬系統有關嗎？

### 第一點：

莫斯科藍不論是公母魚的體表，都會帶有灰藍黑色素的表現的特徵，與金屬系統的公魚才具有藍黑色光澤，而母魚的體色則與普通野生色母魚沒有太大差異是最先被報主所懷疑的不同點！

### 第二點：

不論是由此品系的公魚或是母魚，去跟別的品系嘗試交配，都會產生身上甚至全身都是莫藍黑的子代！跟金屬的遺傳純脆由公魚遺傳截然不同，當然我也曾猜測過是否是基因重組移轉的情形，但是如果是基因重組的狀況，由於很容易在交配繁殖過程再次產生重組又移轉回Y染色體上，此外我也將白金跟紅珊瑚的公魚跟莫斯科藍的母魚交配，結果生出的子代卻是黑藍色類似莫斯科藍的公魚，所以很顯然絕對不是基因重組型的X金屬品系！由這些遺傳學上的基因檢定實驗得知：既不是Y基因型或是X重組基因型的金屬基因遺傳，很顯然地莫斯科藍的遺傳模式根本與金屬基因無關！

## Y基因型？X基因型？體染色體遺傳型？

在前面跟大家說明過關於報主針對莫斯科藍的各種遺傳模式的探討，相信很多沒有遺傳學基礎的魚友很可能無法瞭解這之間的差異，所以報主在此簡單的為大家介紹，孔雀魚玩家常用的關於基因遺傳模式的遺傳學術語，讓大家能更了解這三種主要的遺傳模式的不同點！！！

### Y基因型（限性遺傳）

所謂的Y基因型：是指遺傳基因帶在公魚的Y染色體上，此類遺傳基因與性染色體有關，所以又稱Y基因遺傳型或是限性遺傳型，而特徵是某基因只由公魚遺傳給下一代，例如白金孔雀及日本藍都是這一類的基因，常聽有人說某魚帶有Y基因型的，那通常指得是顯性的此類基因，但帶在Y染色體上的可不是全都是顯性的喔！

### X基因型（伴性遺傳）

所謂的X基因型：是指遺傳基因帶在X染色體上，此類遺傳基因與性染色體有關，所以又稱X基因遺傳型或是伴性遺傳型，而特徵是某基因可由公魚或母魚遺傳給下一代，但通常母魚遺傳給子代的表現比較明顯且表現個體比較多，例如禮服及馬賽克及草尾都是這一類的基因喔！

### 體染色體遺傳型

所謂的體染色體基因型：是指遺傳基因是在體染色體（日本稱常染色體）上，特徵是某基因可由公魚或母魚任何一方，遺傳給下一代，且表現的個體並沒有在數量上有太大差異！例如紅/藍/莫藍尾的半顯性遺傳以及粉紅及馬特利的遺傳等都是這類型的遺傳喔！

由以上的簡單說明，相信大家應該可瞭解之前所說的，報主經過遺傳學的基因檢定實驗後，發覺莫斯科藍的遺傳模式與金屬的遺傳模式確有明顯不同的情形吧！

如果牠的遺傳模式既不是Y基因型又不是X基因型的遺傳模式，那唯一可能的遺傳模式，就剩下體染色體遺傳型的模式了！

此外經由無論跟其他品系的雜交所產生的子代，大都會有明顯的莫斯科藍的表現來看，很明顯地莫斯科藍的遺傳模式是體染色體顯性的遺傳喔！

## 莫斯科藍的遺傳因子

左圖是筒井良樹先生在 1997 年出版的日文孔雀魚圖鑑書上的相關資料，這是目前關於莫斯科藍的遺傳模式寫得最詳盡的一份資料，報主將筒井良樹先生的大作為各位魚友簡單地翻譯成中文，並配合小濤兄所提供的各色莫斯科藍的照片為大家圖說一下，希望大家能夠親自買一本專書來研究一下，相信會有更多的瞭解與體會喔！（由於很多證據均顯示莫斯科藍來自於黑摩利，所以筒井良樹先生引用黑摩利的遺傳模式，讓大家能更了解其遺傳模式！）

## 結　語

這次探討關於莫斯科藍的源頭及遺傳模式的過程中，報主故意以說莫斯科藍是一種藍化，以引起眾多魚友的質疑，作為此次孔雀魚重大爭論事件的開頭，目的是要讓各位魚友能開始注意此一問題，並深入瞭解自己既有的認知是否是正確的，還是人云亦云？報主期待大家能有一些時間多找些資料，來驗証自己的認知正確與否？因為在歐洲及日本分別在 1995 年及 1997 年就開始逐漸接受的理論，報主也在 1998 年時，協助魚雜誌校對此一重要資訊，並先後透過本電子報告訴大家這個越來越多人接受的理論，但很可惜的是，到目前為止仍有那麼多人仍在相信似是而非的理論，尤其還不乏較資深的魚友，這實在讓許多當年努力推廣臺灣孔雀魚玩賞風氣的前輩們感到非常可惜！

為了讓各位魚友能夠覺醒，報主只好把諸多證據，透過電子報發表給全華人圈的魚友們，希望大家能因此成長，不要讓人家多年前早就發表的資料塵封，而固步自封的胡亂相信一些似是而非的資訊，那我們與國外玩家的差距可是會越拉越遠呢！

最後感謝諸多協助報主匯整此專文的魚友及廠商，有你們的支持與協助，報主會更加努力的為大家提供更多更好當然還要更正確的資訊給大家囉！

孔雀魚愛好者電子報報主 Sanderlas

摩利魚（molly）的黑色素因子的遺傳模式（Schr 'o' der,1974）

| 色彩的強度魚的分類 | 魚的表現型 | | 遺傳因子型 | 顯性遺傳因子的數量 |
|---|---|---|---|---|
| | 出生時 | 成魚 | | |
| I | 灰色、有斑紋、虹彩明顯 | 灰色、有斑紋、虹彩明顯 | Nnmm | 0 |
| II | 同上 | 黑灰色、多數的灰色的小斑紋、虹彩明顯 | Nnmm<br>nnMn | 1 |
| IIIa | 同上 | 接近黑色、少數的灰色的小斑紋、虹彩明顯 | NNmm<br>nnMM | 2 |
| IIIb | 灰色、斑紋不明顯、虹彩明顯 | 接近黑色、少數的灰色的小斑紋、虹彩較不明顯 | NnMm | 3 |
| IVa | 腹側有光澤、黑色、虹彩明顯 | 全身黑色、虹彩不明顯 | NnMM<br>NNMm | 4 |
| IVb | 全身黑色、虹彩不明顯 | 同上 | NNMM | 5 |

## 參考文獻


- 德國 DATZ 水族雜誌 1995 年 4 月號
- 日文水族生活雜誌 1996 年 4 月號 新孔雀魚招待 - 莫斯科蘭藍 作者：筒井良樹
- 日本孔雀魚團鑑書 V.1 1997 年筒井良樹著 Pisces 出版社出版
- 魚雜誌第 137 期 1999 年孔雀魚特輯 作者劉士銓等
- 魚雜誌第 138 期 1999 年日本孔雀魚特輯 作者劉士銓等
- 日本孔雀魚團鑑書 V.2 2002 年佐籐昭廣著 Pisces 出版社出版


## 銘　謝


- 李振陽先生提供德國 Daz 水族雜誌 1995 年 4 月號相關內文
- 詹雲龍先生再度親口證實並提供詳細莫斯科古銅的作魚資料
- 水族寵物雜誌社提供日文孔雀魚團鑑書的照片授權
- 魚雜誌社蔣先生授權使用該雜誌社孔雀魚照片
- 小濤兄提供莫斯科藍相關魚種的照片

# 全球孔雀魚賽事解析

■ 文字：蘇志忠 Helven Saw
■ 協力：林安鐸 Andrew Lim · 大馬孔雀魚俱樂部 MALAYSIA GUPPY CLUB

觀賞魚的發展史非常悠久，最初只是將魚〝養活〞，之後才走上以繁殖為主要方向，而當成功繁殖後，就會想掌握某些發生在魚類身上的基因變化，比如想加強色澤、紋路，或是發展一些更誇張的魚鰭然後再將之固定為常態的表現。這些不斷〝被〞進步的觀賞魚，如七彩神仙、鬥魚及金魚等人工繁殖種，經過精挑細選被有系統的進行繁殖，早已和原來的外觀相差十萬八千里，當初樸素的身影早已不知所蹤，如今換上一身華麗的衣裳準備比賽來爭取更多的榮耀！

孔雀魚！是繼鬥魚及七彩神仙魚之後少數能在世界各地辦比賽的魚種之一，觀賞魚的種何其多，但能夠辦比賽的卻很少見，來來去去不外是金魚、龍魚、神仙魚、錦鯉、鬥魚及孔雀魚。而可以流通世界各地，不斷有比賽在世界各大洲舉行的觀賞魚，孔雀魚就是其中之一！這種巧小不足 8 公分大的孔雀魚究竟有何能耐讓全世界為之傾倒？我想每個月不停在世界各地上演的孔雀魚比賽有著功不可沒的貢獻，這些比賽不僅僅是榮譽的爭取，也是各種新品孔雀魚的發表舞臺，集合所有優秀魚隻一同評比，透過媒體的宣傳，吸引所有玩家的目光。

有比賽就須要一個完善的制度來確保賽事的進行，經過這數十年的發展，孔雀魚的比賽制度越來越完善，而在 1990 年也開始了孔雀魚世界盃，這個被孔雀魚友視為全球的最高榮譽賽事，每年把分佈在全球各地的魚友湊在一塊來分享孔雀魚。雖然有了一個全球認可的世界盃制度，但孔雀魚比賽在各個區域的評審方式卻有著相當大的差異。就因為這些差異很大的比賽制度，還有東西方審美觀的不同，造就了今天孔雀魚品種百花齊放的現況。

環顧全球孔雀魚比賽，大致上可以分三大類制度，首先以美國為首的 IFGA 賽制，是一個以孔雀魚顏色來分類的比賽；其次是歐洲以 IKGH 作為比賽的準則，讓孔雀魚的尾型來決定分類；最後是亞洲雖然沒有一個權威的孔雀魚組織來統一比賽標準，但都以日本所倡導的品系分類來進行大部份的比賽，但說也奇怪，日本卻也是首先放棄以品系分類來進行比賽的亞洲國家，這點在下文會再續談。

一般來說，特殊尾形的孔雀魚在歐洲國家的賽場上較容易被公平看待；不過近年來亞洲地區也已開始逐漸重視特殊尾形的表現

# 美加區的 IFGA 比賽制度

IFGA 全名為 International Fancy Guppy Association，譯成中文是「國際孔雀魚協會」，創辦於美國，但這個協會的賽制主要流行於美國及加拿大。美國的 IFGA 孔雀魚比賽是目前全球賽事中制度最為完整，且最為嚴謹的比賽。一般來說，評審通常是每一場比賽的關鍵，其好壞將會影響到賽事是否能完美地劃下句點。而 IFGA 是截止目前為止，所有評審都必須通過上課及筆試的認證來取得資格的比賽制度。即使在取得評審認證資格後，每年最少要參加二場比賽及不少於五個比賽組別的評分，此外還需要每兩年參加一場以上的孔雀魚教育課程以維持評審資格。

IFGA 的比賽特色是以顏色作為分組，而顏色的分組主要都集中在三角尾中。倘若你想報名小圓尾或國旗尾型，IFGA 還是非常歡迎您帶魚參賽，但因不在 IFGA 的評分標準中，所以只供展示且不會有評審來評分，因此參賽前最好先深思熟慮是否值得大費周章只作展示之用。這就是 IFGA 最常被詬病的原因之一，作為全球最大的孔雀魚組織，同時也是比賽規則最為完善的 IFGA，其比賽方式常被引用及參考，卻也是最守舊且固執地堅持原有的組別分類，不肯為當今流行的孔雀魚品種作出更動。

## IFGA 孔雀魚比賽組別分類

| 三角尾單公或雙公魚組 | | 母魚組 | 扇尾單公組 |
|---|---|---|---|
| 紅單色 | 紅雙色 | 紅色 | 單色組 |
| 藍單色 | 藍雙色 | 公開 | 半黑組 |
| 青單色 | 公開雙色 | 半黑公開 | 紋路 |
| 黑單色 | 混色 | 雙色 / 青色 | 蛇紋 |
| 紫單色 | 單色蛇紋 | 黃化 | 16 歲以下組 |
| 黃單色 | 紋路蛇紋 | 黑色 | 未曾得獎組 |
| 公開 | 劍尾 | 半黑紅 | |
| 紅半黑（禮服） | 紅色白子 | 白子 | |
| 藍半黑（禮服） | 公開白子 | 16 歲以下組 | |
| 白半黑（禮服） | 黃化組 | 未曾得獎組 | |
| 黃半黑（禮服） | 銅色組 | | |
| 青半黑（禮服） | 16 歲以下組 | | |

◎未曾得組：指參賽者未曾在 IFGA 比賽中拿過任何的組別。
◎ 16 歲以下組：指參賽者的年齡在 16 歲以下。

上表中我們可以得知美國 IFGA 比賽的分組情況，除了三角尾為重中之重，也接受了劍尾（雙劍 / 底劍 / 上劍）及扇尾這二種尾型的孔雀魚，其它尾型在 IFGA 比賽就恕不招待了。在 IFGA 的單公組或雙公組比賽中，由於評審只針對公魚評分，所以參加這個組別的魚，可選擇只放公魚毋須母魚；當然也可以將母魚放入單公或雙公組的比賽裡，唯母魚並不會被計分，所以不影響分數的高底，即使母魚在評審過程中不幸夭折，也無礙比賽的進行。這點與亞洲的大部份比賽非常不同，在亞洲賽事中，若母魚死亡，公魚將失去參賽資格。

# 歐洲區的 IKGH 比賽制度

IKGH（Internationales Kuratorium Guppy Hochzucht）是歐洲最高的孔雀魚領導機構，目前甚至是全球最多成員的孔雀魚協會。成員包括了歐洲、亞洲及美洲等地 19 個國家 46 個俱樂部的孔雀魚協會，歐洲孔雀魚魚友們認為主辦比賽必須有一套規則來標準化每一次的比賽，而這個標準必須是可以平衡發展孔雀魚，包含各種正確的細節等各種資訊，於是在 1981 年透過奧地利孔雀魚團體的主動幫忙，以尾型來分組的 IHS' 81 標準就此誕生了。IHS（International High - Breeding Standards），現今最新版本為 2019 年，簡稱 IHS' 19。

在歐洲，每年年初，IKGH 網站都會公佈當年的孔雀魚比賽地點及日期，雖然不是所有比賽都採用 IHS' 19 來進行賽事，但絕大部份都以此為標準，只要比賽被冠上「歐洲盃」（European Championship）就是 IHS' 19 的賽事了。所以將來參加歐洲比賽，就別再問比賽組別，或為什麼主辦單位沒有公佈組別等，讓歐洲朋友貽笑的問題。

雖然 IKGH 的評審資格取得不像 IFGA 般繁複，須從助理開始再經過筆試等測驗，但也要參加由 IKGH 資深評審所上的 IHS' 19 課程，然後再等到每年年終 IKGH 大會登記在資料庫內，而這期間你可以透過參加比賽建立知名度，第二年歐洲各地的孔雀魚協會才會在評審名單中考慮是否邀請你擔任評審，因為考量的就是你在歐洲孔雀魚界的知名度。雖然 IKGH 評審資格並不難，但在亞洲代表中除了我本身取得評審資格外，據我所知就僅有馬來西亞的 Andrew Lim，及中國大陸的 2013 年世界盃亞洲冠軍得主黃嶸。但截至今年六月為止，亞洲區的 IKGH 的合格裁判已經增加至 11 人。

歐洲盃所採用的比賽分組就如下圖所示，這十三種尾型幾乎概括了當今孔雀魚所有的尾型表現，除了 09 年才開始流行的冠尾及半月尾型。因為 IHS' 09 標準是每五年更新一次，所以下一次修改落在 2024 年。但衍生於 IKGH 標準的世界孔雀魚協會（World Guppy Association），目前已將半月尾型及冠尾都概括進來，增至十四種尾型的表現。

半月尾 / Half Moon tail

## 歐洲盃的 13 種尾型

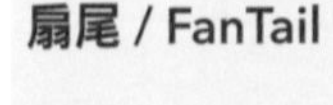


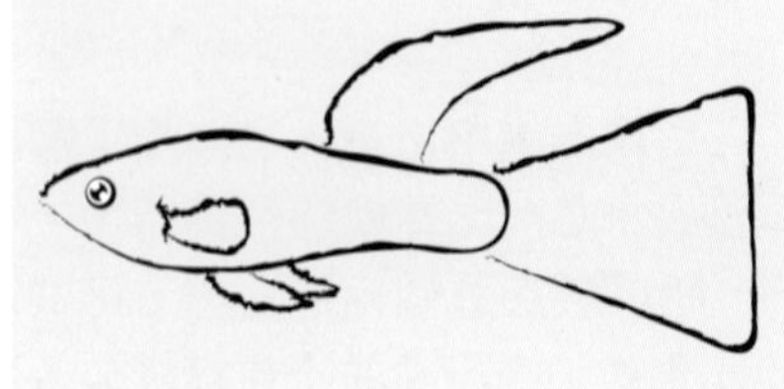

三角尾 / Triangle Tail

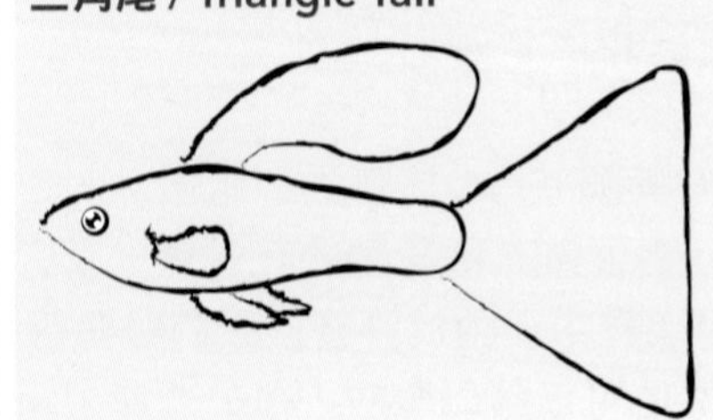

紗尾 / Veil Tail

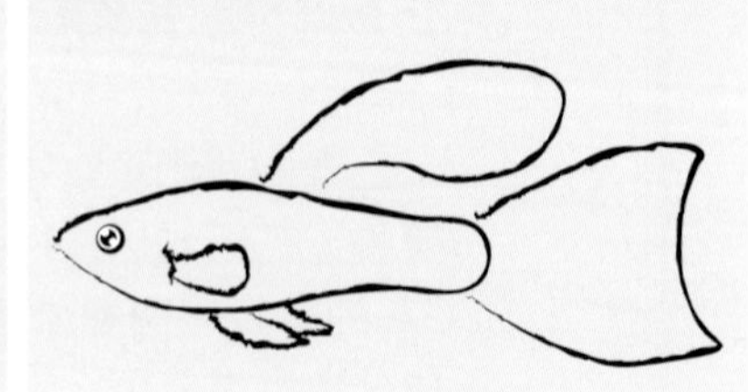

相對於美加地區的 IFGA 只接受三種尾型表現的孔雀魚比賽，歐洲對於各種尾型的表現的孔雀魚更具包容性。在 IHS' 19 評分手冊上我們可以發現歐洲人很重視尾型及體態，無論尾型、背鰭都制訂了相對應的標準，強調正確的夾角，同時背鰭及尾鰭必須相互對應。

另外，在歐洲杯的評分欄上也有評比「顏色」，但其所謂的「顏色」是指「覆蓋」率。以藍草尾為例，尾鰭藍色的覆蓋率越完整取得的分數會越高，相對若透明區域越多則分數越底，所以在歐洲比賽可以看到細點的藍草，及粗點的藍草，甚至是豹點的藍草，因為點的大小並不影響分數高低。反觀亞洲比賽，觀念上認為藍草尾在細點的維持難度上更高，點越細越均勻越容易取得良好的成績，但這卻造成場上只剩細點藍草，千遍一律的藍草，每個人養著同樣表現的藍草，單一化的表現愈趨嚴重，這和孔雀魚基因多變化，多元品系有助於推廣孔雀魚活動的理念背道而馳，所以就我個人是比較推廣歐洲盃的比賽標準，因為在歐洲的比賽裡你可以看見更多元化的孔雀魚，創新魚種不斷湧現，其賽制並不會將創新魚種給殺了。

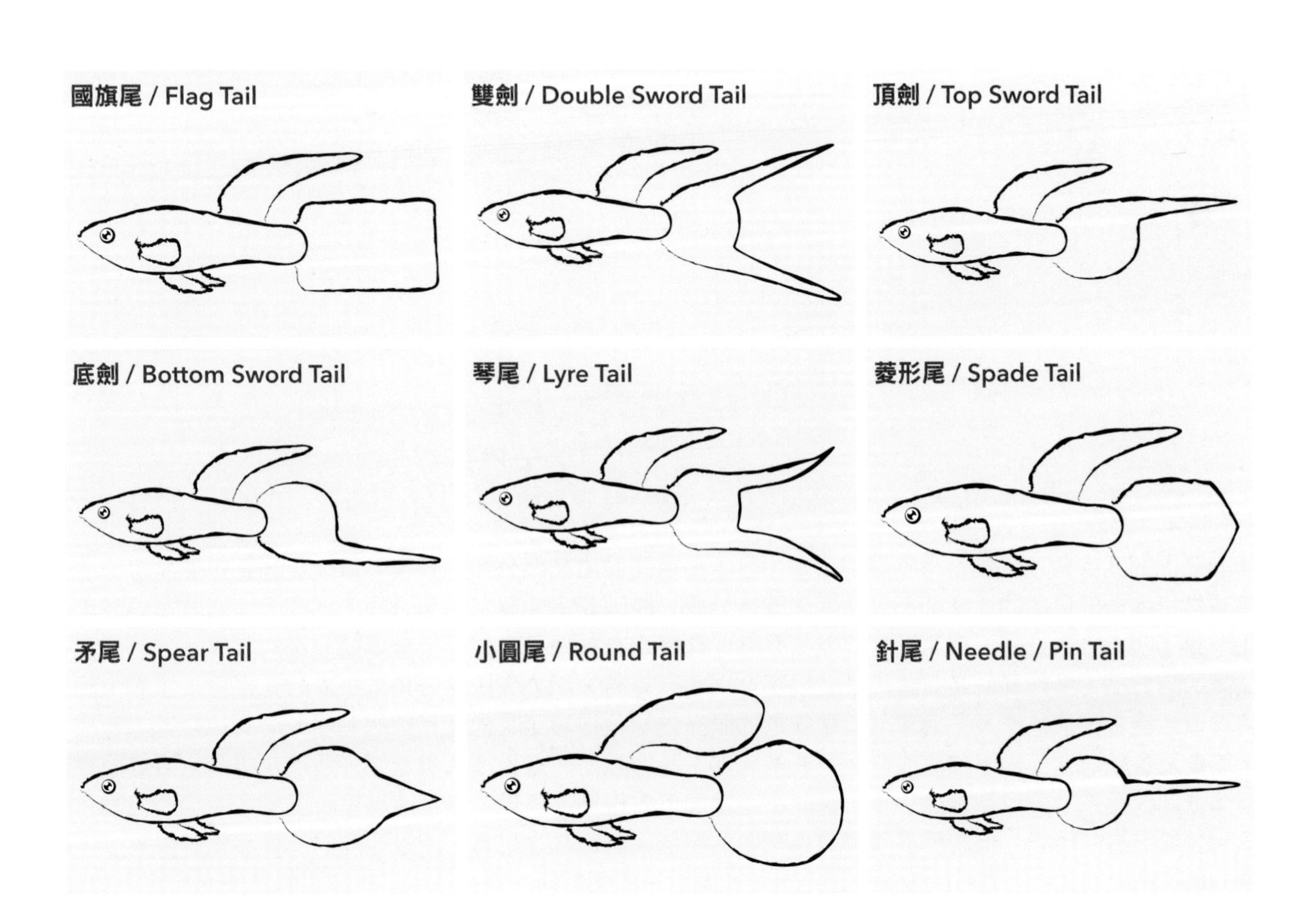

# 亞洲區的比賽制度

亞洲的孔雀魚非常受到歐美的重視，因為品系化使得亞洲地區相當重視紋路上的表現，難度越高的紋路或顏色表現越受玩家的青睞，其結果是孔雀魚越來越精緻，一些高完成度的作品都出自亞洲玩家之手，比如全紅、草尾、黃禮服和蕾絲等。這些被發展到極致的孔雀魚品系，非常耀眼和漂亮，已經很難在他們身上再做出更佳的改進。也因為牠們的出現，猶如星星之火可以燎原，造成亞洲的飼養風氣非常熾熱。故亞洲在孔雀魚比賽都以品系分類為主軸。由於亞洲並沒有廣受各國推崇的孔雀魚組織，因此在比賽上大多是個地區半個地區的，並無統一的評分標準，多半參考 IFGA 或 IKGH 的評審方式並參酌當地現狀來做修正。在評審員的制度上也沒有一個完善的培訓機制，每當有比賽時，主辦方只能邀請一些資深玩家來擔起評審重任；且又擔心資深又能言善道的評審會影響新進評審的觀點，而作出跟風的評審結果，所以有部分比賽是禁止評審在評比時互相交流意見。然而一個受過訓練且經驗豐富的裁判不應該受人影響或企圖影響他人。

## 亞洲區各國孔雀魚比賽組別分類

| 馬來西亞 | 新加坡及菲律賓 | 韓國 | 台灣 | |
|---|---|---|---|---|
| 1. 大尾鰭三角尾 | 1. 單色非莫斯科組 | 1. 單色組 | A: 禮服組 | A1: 黃尾禮服組<br>A2: 藍尾禮服組<br>A3: 紅尾禮服組 |
| a. 緞帶 / 燕尾組 | 2. 單色莫斯科組 | 2. 禮服組 | | |
| b. 蛇紋組 | | | | |
| c. 馬賽克組 | 3. 雙色組 | 3. 紋路組 | B: 草尾組 | |
| d. 草尾組 | 4. 草尾 / 紋路組 | 4. 蛇紋組 | C: 蛇紋組 | C1: 蛇紋組<br>C2: 蕾絲組 |
| e. 禮服組 | 5. 蕾絲 / 蛇紋組 | 5. 劍尾 / 短尾組 | D: 馬賽克組 | D1: 藍馬塞克組<br>D2: 紅馬賽克組 |
| f. 單色紅魚組 | | | | |
| g. 單色藍魚組 | 6. 公開組 | 6. 公開組 | E: 素色尾組 | E1: 紅單色組<br>E2: 藍單色組 |
| 2. 劍尾組 | 7. 半金屬組 | | F: 白子花紋組 | |
| 3. 短尾組 | 8. 特殊形狀組 | | G: 白子素色尾組 | |
| 4. 半月 / 冠尾組 | | | H: 長鰭組 ( 長公 + 短公 + 長母 ) | H1: 緞帶組<br>H2: 燕尾組 |
| | | | I: 短尾組 | I1: 針尾組<br>I2: 圓尾組<br>I3: 茅尾組<br>I4: 劍尾組<br>I5: 特殊尾型組 ( 鏟尾、八弦尾、冠尾等 ) |
| | | | J: 幼魚組 | J1: 野生色組<br>J2: 白子色組 |
| | | | K: 亞成魚組 | K1: 野生色組<br>K2: 白子色組 |
| | | | L: 原創新品組 | |
| | | | M: 多公組 ( 三隻公魚 ) | |
| | | | N: 綜合組 | |

談到亞洲的孔雀魚，我們不得不提到日本，日本是首先做出品系分類的國家，目前亞洲孔雀魚品系命名法則也是源自日本。但日本的比賽卻不以品系來進行分組，原因非常簡單，品系分類的比賽已造成孔雀魚越來越單一化，除了四大品系黃禮、草尾、紅魚及蕾絲外，幾乎沒有其他品種能登上全場總冠軍的寶座，他們早已被淪為比賽的陪葬品。更詭異的是有些評審在挑選全場總冠軍時，總是先排除三角尾以外的孔雀魚，主觀上認為其無論難度或觀賞價值均不及三角尾。這種狹隘的眼光恰恰是扼殺了其他孔雀魚的發展。前文也說過，黃禮、草尾、紅魚及蕾絲魚在亞洲已被高度發展且非常成熟，此四類的評鑑標準人盡皆知，所以在挑選全場總冠軍時也離不開這四大品系，難以越雷池一步。這就是亞洲過度重視細節表現，雖然這種重視讓草尾等品系無論各方面都達到登峰造極的境界，但對於品種開發過程中的粗糙表現卻嗤之以鼻，所以亞洲的比賽品種買少見少，越來越單一化，已經到了令人擔心的地步。這不是在比賽設一兩個創新品種組別就可以解決的事情。

因此日本率先將品系分類自比賽中取消，採不分組取全場最高分前十名（或二十至三十名，是贊助商多少而定），如此改變導致比賽時湧現許多創新品種，且排在前十名的得魚，也經常是很有創意的新品種，如此便激起更多玩家願意花時間來進行創作，將新開發的孔雀魚帶來參賽增加曝光機會。在一個重視創意的國度，新品種的發表即使粗糙，也不會被評審員不屑一顧，還有機會站上舞台領獎，這也就是為何日本創新魚會層出不窮且源源不絕！亞洲的孔雀魚比賽以對魚為主，除公魚外連同母魚一起放入缸內，且須為同體色及品系。所以，不能將野生色的藍草配上黃化體的藍草母魚來參賽，否則將被評審判決不符合參賽資格。雖然大部分的比賽都不評母魚的分數，然而在沒有統一比賽標準的亞洲，這點倒成為大家的共識。

## 不變的真諦

三大區比賽有著很大的差異，但採用細項評分的方式，仍是目前孔雀魚的評審主流。有些比賽裁判直接比較最少缺點的魚來挑選出前三名，或由多位評審選出心中前三至五名的魚後，直接加總後計算排名，這些做法雖可大幅縮短評審時間，但主觀性太強的評比方式始終無發成為比賽的主流。孔雀魚的評分分三大項，即身體、背鰭及尾鰭，無論何種制度，均以尾鰭的分數佔最多，這是因為孔雀魚吸引世人眼光始終是在那搶眼又多變化的尾鰭上！在 IKGH 的比賽上，規定至少五名評審，總結時去掉最高分及最低分，取中間三個分數平均，避免評審企圖以高分或低分來影響比賽結果。在母魚方面，採扣分制，其中日本最高可扣二十分，這是警惕參賽者千萬要注意母魚的表現，在馬來西亞或世界盃比賽中，母魚一般是扣三分，再次之扣六分，最差表現則扣九分以此類推。另外，有時會遇到公魚同分的情況，此時母魚的表現就會成為決定勝負關鍵因子。最後，無論在哪個賽制下，都會出現令人拍案叫絕的孔雀魚，也因為制度不同，使其發展更能多元化，這就是孔雀魚的精彩之處。只要參賽前，多加了解各地賽制，針對需求來挑選符合的魚隻，自然能兵來將擋，當然前提是先確認手中魚隻已有夠水準的表現！

### 歐、美、亞等地評分標準

| | | 馬來西亞 MGC Malaysia | 日本 Japan | 美國 IFGA United States | 歐洲 IKGH Europe | 世界盃 WGC | 台灣 TGA Taiwan | 亞太 AGA | |
|---|---|---|---|---|---|---|---|---|---|
| 身體（BODY） | 尺寸（Size） | 8 | 5 | 8 | 8 | 8 | 7 | 8 | |
| | 形態（Shape） | 8 | 5 | 5 | 8 | 8 | 7 | 8 | |
| | 顏色（Color） | 12 | 10 | 8 | 12 | 12 | 7 | 8 | |
| | 紋路（Lines/Patterns） | X | 10 | X | X | X | X | X | |
| | 狀況（Condition） | X | X | 4 | X | X | 4 | X | |
| | 小計（Total） | 28 | 30 | 25 | 28 | 28 | 25 | 24 | 0 |
| 背鰭（DORSAL） | 尺寸（Size） | 5 | 5 | 8 | 5 | 5 | 5 | 5 | |
| | 形態（Shape） | 8 | 5 | 5 | 8 | 8 | 5 | 5 | |
| | 顏色（Color） | 10 | 5 | 8 | 10 | 10 | 10 | 10 | |
| | 紋路（Lines/Patterns） | X | 5 | X | X | X | X | X | |
| | 狀況（Condition） | X | X | 4 | X | X | X | X | |
| | 小計（Total） | 23 | 20 | 25 | 23 | 23 | 20 | 20 | 0 |
| 尾鰭（CAUDAL） | 尺寸（Size） | 10 | 10 | 11 | 10 | 10 | 10 | 10 | |
| | 形態（Shape） | 20 | 10 | 10 | 20 | 20 | 20 | 20 | |
| | 顏色（Color） | 14 | 10 | 11 | 14 | 14 | 10 | 10 | |
| | 紋路（Lines/Patterns） | X | 10 | X | X | X | X | X | |
| | 狀況（Condition） | X | X | 5 | X | X | X | X | |
| | 小計（Total） | 44 | 40 | 37 | 44 | 55 | 40 | 40 | 0 |
| 對稱（SYMMETRY） | | X | X | 8 | X | X | 10 | 8 | |
| 姿態（DEPORTMENT） | | 5 | 10 | 5 | 5 | 5 | 5 | 8 | |
| 母魚（FEMALE） | | 最高扣 10 分 | 最高扣 20 分 | X | X | 最高扣 10 分 | 最高扣 10 分 | 最高扣 10 分 | |
| 延長鰭（Extended Fin） | | X | X | X | X | 最高扣 10 分 | X | X | |
| 總分數（TOTAL） | | 100 | 100 | 100 | 100 | 100 | 100 | 100 | 0 |

製作表格：TGA 台灣孔雀魚協會

# 世界盃半月型孔雀魚之新標準探討

■文字：蘇志忠 Helven Saw
■協力：林安鐸 Andrew Lim・Joe Putta（泰國）・ 大馬孔雀魚俱樂部 MALAYSIA GUPPY CLUB

孔雀魚世界盃是基於尾型來設定組別，但在不同國家主辦時會按當地需求增設一些組別，比如在台灣辦世界盃就會增加一些品系的組別：禮服組、莫斯科藍組…等。而在美國舉辦時就會增加顏色為主的組別：藍魚組、紅魚組…等。但整個世界盃的基調還是以尾型分類為基準。但在 2013 年的世界盃裡出現了有趣的現象，近年流行的冠尾及半月孔雀也都來報名了，雖然賽前有魚友詢問冠尾如何報名？我們也明確表明了世界盃沒有冠尾組別！但比賽當天還是有不少冠尾及半月孔雀送到現場，大家都很困惑該如何將這些最近崛起的新品種編組。最後商議結果是冠尾及半月孔雀魚都暫列三角尾組。

所以在世界盃結束後，我得趕緊將兩種新尾型：冠尾及半月送到世界孔雀魚協會委員裡進行討論。我先呈了半月孔雀自繪圖及照片和一些看法，隔天在呈上冠尾的相關資料。但卻被 Stephen Elliott 給擋下來，英國人的看法是：半月的討論還沒結束，我們應該待一件事情討論結束後，再開始另一個標準的討論。所以接下來的紀錄就只有半月孔雀魚的研討，至於冠尾的標準進程截至本書上市仍未開始研討，所以本文就站不收錄了。

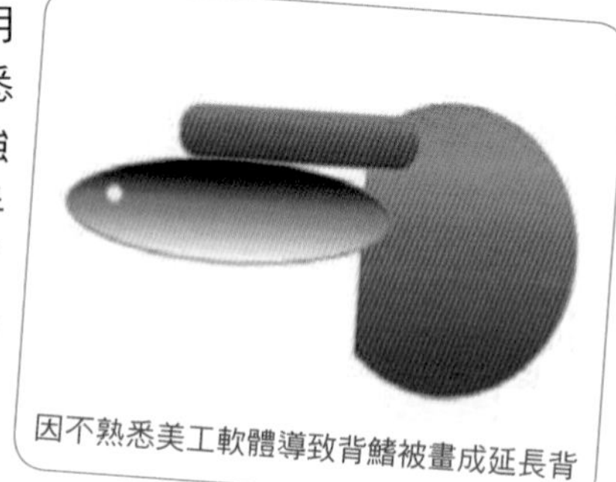
因不熟悉美工軟體導致背鰭被畫成延長背

一開始呈上的半月孔雀魚圖，由於不熟悉繪圖軟體的操作勉強地把圖完成，所以半月的背鰭被我畫成了延長背；美國的 Luke Roebuck 馬上捉到重點說重來沒看過延長背長在半月孔雀的身上，倒是經常看到帶著鯊魚背的半月。看來以後還是要好好掌握繪圖軟體的技巧以免出錯又被抓包。在建立標準之前，英國 Stephen Elliott 提出一個很好的問題：「你設一個標準來完成你希望看到的魚，還是找現有的魚來設立一個標準？」世界盃的比賽無法設立一個公開組來容納不在標準尾型的孔雀魚，因為沒有這些尾型的標準，裁判要以何依據來進行評分呢？如果你想要將半月孔雀魚加到世界盃裡，就必須為牠訂製一個標準。當然，若各地孔雀魚組織在此設立公開組，我們並不會反對。

所以這次的半月標準設定就依據這個大方向來進行，新標準不是為了吸引世人注目，抑或是只為了幾個玩家來訂製，不能被壟斷。即使你不喜歡這種尾型，但這個世界很大，所以要包容。

我們查閱了很多圖片，也諮詢了飼養半月尾型的玩家，目前為止尚未發現有延長背的半月孔雀魚，都是以鯊魚背為主。所以很快確立半月孔雀魚必須伴隨著鯊魚背，至於鯊魚背要以 1/4 圓還是 3/4 圓目前還沒有一個定案。美國 Joe Mason 認為市面上有很多商業魚塘大量繁殖的所謂半月商品魚，事實上這些半月更像壞掉的圓尾。一隻值得玩家去發掘及有觀賞價值的半月孔雀當然不能像一個壞掉的圓尾孔雀魚，它必須是真正的「半月」型狀或是「半個圓形」。

無論是是背鰭或尾鰭都將半月尾型的形態發揮得淋漓盡致，另外還可看到大胸鰭的表現

而且很多圖片已顯示，180° 半圓型加上 90° 垂直半徑的半月孔雀魚正不斷被創作出來，這種尾型已獲得高度的發展且已被完成。能被世界盃列為候選的新尾型，表示這已是被認可及被鼓勵發展的孔雀魚型態之一。對早期不斷為半月尾型投注時間改良的魚友會是最好的禮物及肯定！

在身體與尾鰭的討論中，最初我的個人意見是 3：2 的比例（身體 3，尾鰭 2），因為個人從未見過可以來到 1：1 的半月型孔雀。Luke Roebuck 表示美國很多孔雀魚要求比例是 1：1，但這只限於三角尾孔雀魚。一些超廣角的亞洲三角尾更是難以到達 1：1。或者說我們將比例要求提高到 1：1 希望有魚友可以突破這個關口。但身體及尾型 1：1 的比例，對半月孔雀魚來說真的會好看嗎？還是 3：2 才是半月孔雀真正的黃金比例？

十月初的英國凱特靈孔雀魚賽剛好有機會讓我帶著半月尾型孔雀魚圖片去詢問一下歐洲魚友的看法，在我沒拿出 IPAD 秀出半月尾型的圖片，就已經有魚友在熱衷的發表半月型孔雀魚的看法，我想在七月世界盃委員的相關議論已在歐洲大陸開始發酵。

其中德國人 Hermann Ernst Magoschitz 就說，半月型是非常好看又有欣賞價值的孔雀魚，必須完善這個標準並且將半月型孔雀魚取代 IKGH 中的紗尾，養魚超過二十五年，從第一屆東京世界盃就遠赴日本的 Hermann，歷經二十多年歐洲盃的洗禮，他直爽的說從來就沒看過一條真正有著紗尾表現的孔雀魚，就是不明白為什麼 IKGH 內仍會存在紗尾孔雀魚的標準。所以要將半月型孔雀魚取代紗尾是未來他將要在 IKGH 年會上推動的工作之一。

目前在歐洲有機會飼養並展開研究半月型孔雀魚的人不多，因為可以取得半月尾型孔雀魚的機會不多，其中也是來自德國的 Boris Bruch 因為經常從泰國進口孔雀魚而收集了為數不少的半月型孔雀魚，據他透露可以長成完整的半月型孔雀魚成數非常低，有時整胎子代終能有滿意表現的不到一成，推測半月型孔雀也許就如針尾孔雀魚般，可以擁有完美表現的成數機率一樣在一成以下。另一種可能性是此魚型態雖被完成卻沒有固定下來，這個工作就得要廣大的孔雀魚友一同努力分工合作。由衷希望亞洲魚友能捷足先登，自三角尾在亞洲發展至登峰造極後，期許半月尾型的孔雀魚也可以大放異彩。

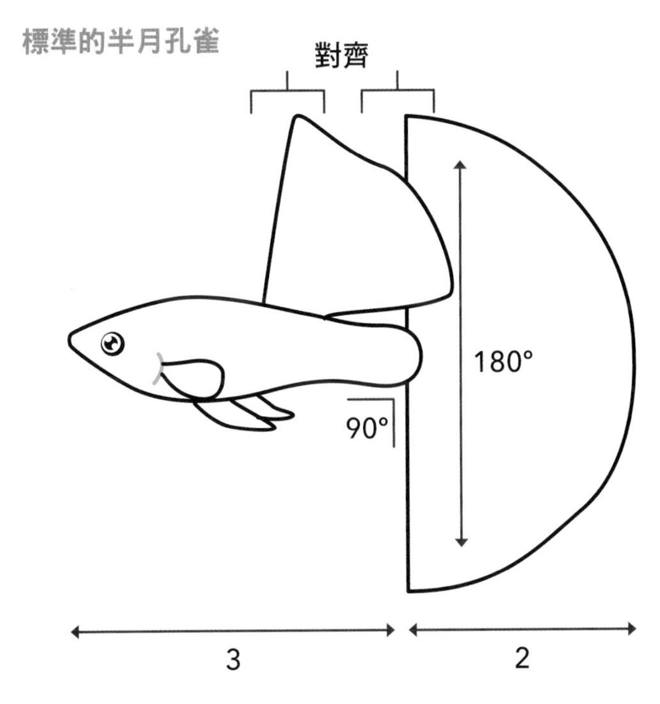

閃電藍半月尾幼魚（公）

2014 天津世界盃半月冠軍

馬鞍藍半月尾

紅蕾絲白子

©黃柏龍

# 白子紋路 Albino pattern group

Photo : 蔣孝明 Nathan Chiang
others are illustrated under the photo of credit

紋路系的白子孔雀魚可說眾多孔雀魚之中最為難上手的。它們除了比野生色的還要體弱之外，也因為身體缺少黑色素而在維持上必須仰賴導入野生色的基因才不會逐漸弱化。白子紋路系的代表魚種是白子紅蕾絲，近年來更可看到具有珊瑚、馬賽克、美杜莎表現等的作品出現。

日本藍 · 美杜莎白子

©楊明湘

紅蕾絲琴尾白子

©徐明瑋

紅蕾絲白子

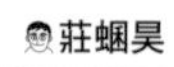莊蝈昊

血紅草白子
Albino red grass

吳昇鴻

黃蛇王白子
邱智群

半金屬黃蕾絲白子
王耀德

藍蕾絲白子
徐明瑋

黃蛇王白子
Albino Yellow Cobra

呂安仕 Anshin Lu

黃蛇王白子
莊蝈昊

馬鞍草尾燕尾白子

©楊明湘

藍草尾白子

©楊明湘

丹頂蛇紋紅尾白子

曾皇傑 Jack Tseng

美杜莎白子

楊明湘

紅蕾絲白子（三角尾）

徐明瑋

紅草尾白子（大背）

曾皇傑 Jack Tseng

蛇紋紅尾白子

曾皇傑 Jack Tseng

泰系紅蕾絲白子

徐明瑋

珊瑚紅草尾白子

楊明湘

金屬蛇紋藍草尾白子

曾皇傑 Jack Tseng

日本藍 ・ 藍美杜莎白子

楊明湘

黃蛇王白子

曾皇傑 Jack Tseng

蛇紋藍草白子

許天仁

藍草尾白子

許天仁

藍蕾絲白子（三角尾）

徐明瑋

日本藍紅草尾白子

曾皇傑 Jack Tseng

黃蛇王白子

📷曾皇傑 Jack Tseng

黃蛇王白子（三角尾）

📷邱智群

丹頂蛇紋紅尾白子

曾皇傑 Jack Tseng

紅蕾絲琴尾白子

徐明瑋

紅蕾絲白子

徐明瑋

紅蕾絲白子

黃冠之

霓紅精靈白子

曾皇傑 Jack Tseng

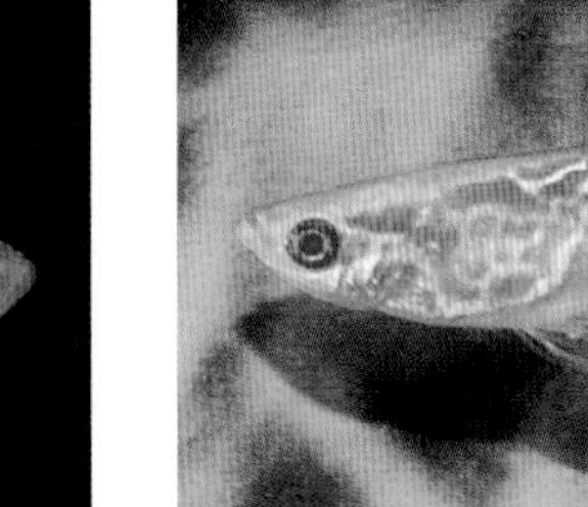

蛇紋紅茅尾白子

徐明瑋

蛇紋紅尾白子

曾皇傑 Jack Tseng

紅蕾絲白子

曾皇傑 Jack Tseng

紅蕾絲白子

曾皇傑 Jack Tseng

蛇紋紅矛尾白子

徐明瑋

金屬黃蕾絲白子

曾皇傑 Jack Tseng

日本藍紅草尾白子

曾皇傑 Jack Tseng

銀河紅草尾白子

曾皇傑 Jack Tseng

日本藍紅馬賽克白子

曾皇傑 Jack Tseng

白金日本藍紫尾
Platinum Japan-Blue Purple Tail
陳彥豪 Marco Chen

# 金屬/白金 和其他三角尾品系
# Metal-head/Platinum and othere Delta tails

Photo : 蔣孝明 Nathan Chiang
others are illustrated under the photo of credit

在魚身胸部的地方有特殊的金屬色塊，此色塊會隨著水溫、情緒和環境而改變顏色的深淺。金屬的遺傳基因特別強，只要將此公魚品種與其他品系的母魚交配，很容易混合兩種品系的特徵，這也是金屬迷人的地方。

而具有白金表現的孔雀魚則有亮眼的金屬光澤覆蓋在其身體上。白金的厚度呈現在不同品系的孔雀魚身上都會有不同的色澤表現，薄如噴上亮光漆，厚如貼上金粉。

金屬藍蛇紋

小騏

野生色金屬紅孔雀

許磊

金屬蕾絲（大象耳）

蔡捷貴

美國藍尾（三角尾）

徐明瑋

全珊瑚藍尾

楊景翔

金屬紫草尾

吳欽鴻

拉朱力藍尾

莊蛔昊

金屬黃尾蕾絲

吳欽鴻

瑪姜塔紅馬賽克

廖嘉申 小黑（特立魚）

瑪姜塔

崔學初（和弦）

瑪姜塔

崔學初（和弦）

瑪姜塔

崔學初（和弦）

白金珊瑚黃馬賽克圓尾

徐曉軍（假行僧）

白金紫馬賽克（大象耳）

蔡捷貴

白金藍馬賽克（大象耳）

蔡捷貴

白金日本藍 · 紅馬賽克白子

楊明湘

全金屬藍尾禮服（大耳朵）

蔡捷貴

白金日本藍 · 紅馬賽克緞帶

楊明湘

白金日本藍 · 藍尾

©楊明湘

白金日本藍 · 藍馬賽克

©楊明湘

白金日本藍 · 藍馬賽克白子

楊明湘

白金黃尾禮服

楊明湘

瑪姜塔圓尾

曾皇傑 Jack Tseng

瑪姜塔紅圓尾

曾皇傑 Jack Tseng

白金日本藍雙劍

曾皇傑 Jack Tseng

白金紅尾（大象耳）

曾皇傑 Jack Tseng

金屬瑪姜塔鐮尾

©曾皇傑 Jack Tseng

白金禮服紅馬賽克

©曾皇傑 Jack Tseng

白金珊瑚黃馬賽克圓尾

徐曉軍（假行僧）

瑪姜塔矛尾

蔡可平

瑪姜塔藍馬賽克

廖嘉申 小黑（特立魚）

金屬瑪姜塔鏟尾

曾皇傑 Jack Tseng

白金紅鐮尾

曾皇傑 Jack Tseng

白金紅矛尾

曾皇傑 Jack Tseng

金屬豹紋小圓尾

蔡可平

白金黃尾禮服

吳欽鴻

金屬紅蕾絲

曾皇傑 Jack Tseng

瑪姜塔紅馬賽克

廖嘉申 小黑（特立魚）

白金日本藍雙劍

曾皇傑 Jack Tseng

白金禮服黃國旗尾

曾皇傑 Jack Tseng

瑪姜塔矛尾

蔡可平

瑪姜塔珊瑚馬賽克

廖嘉申 小黑（特立魚）

金屬米卡利夫粉紅禮服

韓明均（悍馬）

金屬黃蕾絲小圓尾

蔡可平

金屬蛇紋藍草尾

曾皇傑 Jack Tseng

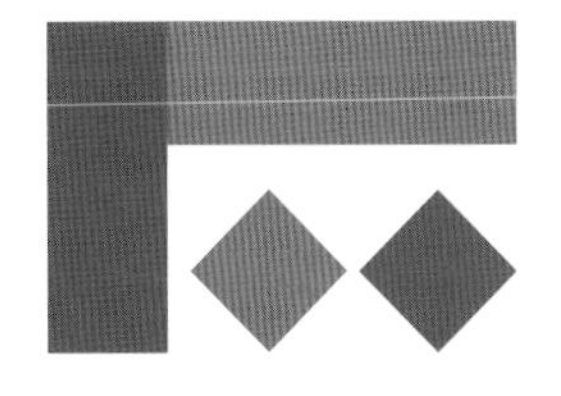

白金藍尾孔雀

曾皇傑 Jack Tseng

金屬蛇紋草尾

許天仁

馬特利

曾皇傑 Jack Tseng

白金雙劍

曾皇傑 Jack Tseng

黃蛇王（三角尾）

邱智群

金屬紅蕾絲圓尾

曾皇傑 Jack Tseng

白金禮服紅馬賽克緞帶

曾皇傑 Jack Tseng

白金禮服紅馬賽克

曾皇傑 Jack Tseng

金屬蛇紋藍草尾

曾皇傑 Jack Tseng

金屬紅蕾絲

曾皇傑 Jack Tseng

白金紅尾

曾皇傑 Jack Tseng

艾爾銀粉紅白（三角尾）

李威

金屬紫草尾

曾皇傑 Jack Tseng

半金屬藍蕾絲

王耀德

維也納雙劍 ©李福隆

# 劍尾（包含雙劍、頂劍、底劍）Swordtail group

Photo : 蔣孝明 Nathan Chiang
others are illustrated under the photo of credit

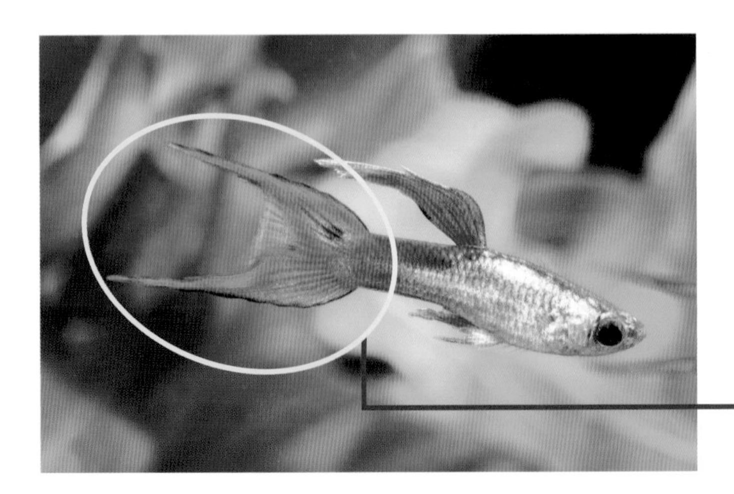

劍尾最大的特色就是尾鰭中央內縮。而上下緣的魚鰭則向後衍伸如同鋒利的劍，常見的有頂劍、底劍及雙劍，其中雙劍為劍尾的市場主流。

以雙劍來說，尾端要尖且上下同色為佳，身體與尾鰭的比例最好是 1：1，另外身體與腰身要夠粗壯才撐得起拖曳的劍尾尾鰭，讓雙劍英姿颯爽。

白金底劍
Platinum Bottom Sword

呂安仕 Anshin Lu

維也納綠寶石雙劍

曾皇傑 Jack Tseng

黃蕾絲雙劍
Yellow Lace Double Sword

陳彥豪 Marco Chen

紅蕾絲頂劍

邱智群

全珊瑚藍雙劍

楊景翔

法藍星底劍

蔡可平

白金禮服紅雙劍（黑白惡魔）

王洋

白金莫藍雙劍

楊景翔

藍蕾絲雙劍
Blue Lace Double Sword

呂安仕 Anshin Lu

黃化維也納底劍

邱智群

黃化黃白金底劍

蔡可平

維也納紅底劍
Vienna Red Bottom Sword

呂安仕 Anshin Lu

紅珊瑚黃蕾絲雙劍

曾皇傑 Jack Tseng

維也納綠寶石雙劍

莊蝈昊

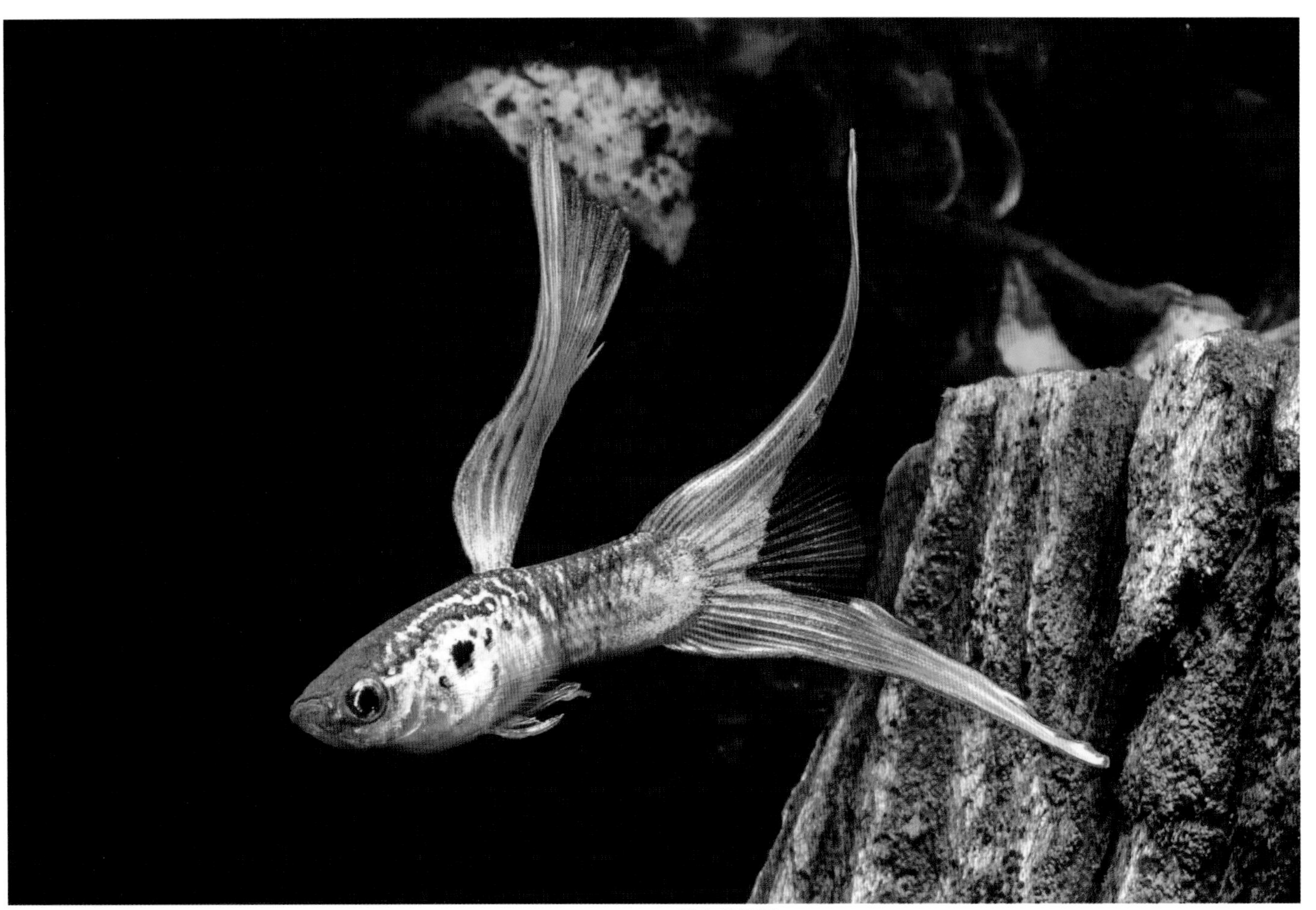

維也納雙劍

📷 楊景翔

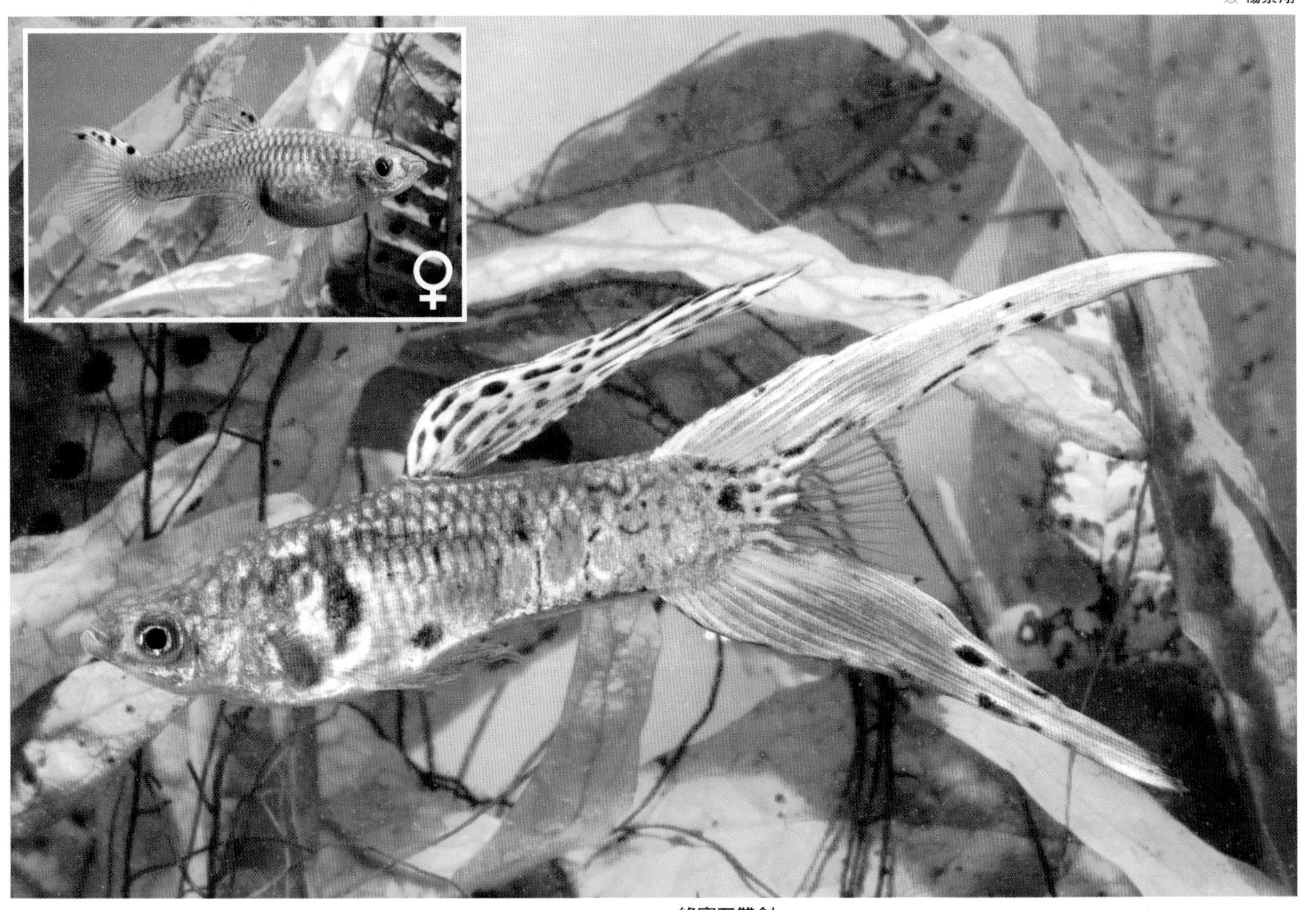


綠寶石雙劍

📷李威

霓虹精靈雙箭

莊蝴昊

黃化法藍星底劍

蔡可平

紅珊瑚寶石雙劍
Coral Ruby Double Sword
呂安仕 Anshin Lu

日本藍銀河雙劍
曾皇傑 Jack Tseng

紅珊瑚禮服雙劍
曾皇傑 Jack Tseng

紅珊瑚雙劍（亞成魚）
蔡可平

紅珊瑚雙劍
楊景翔

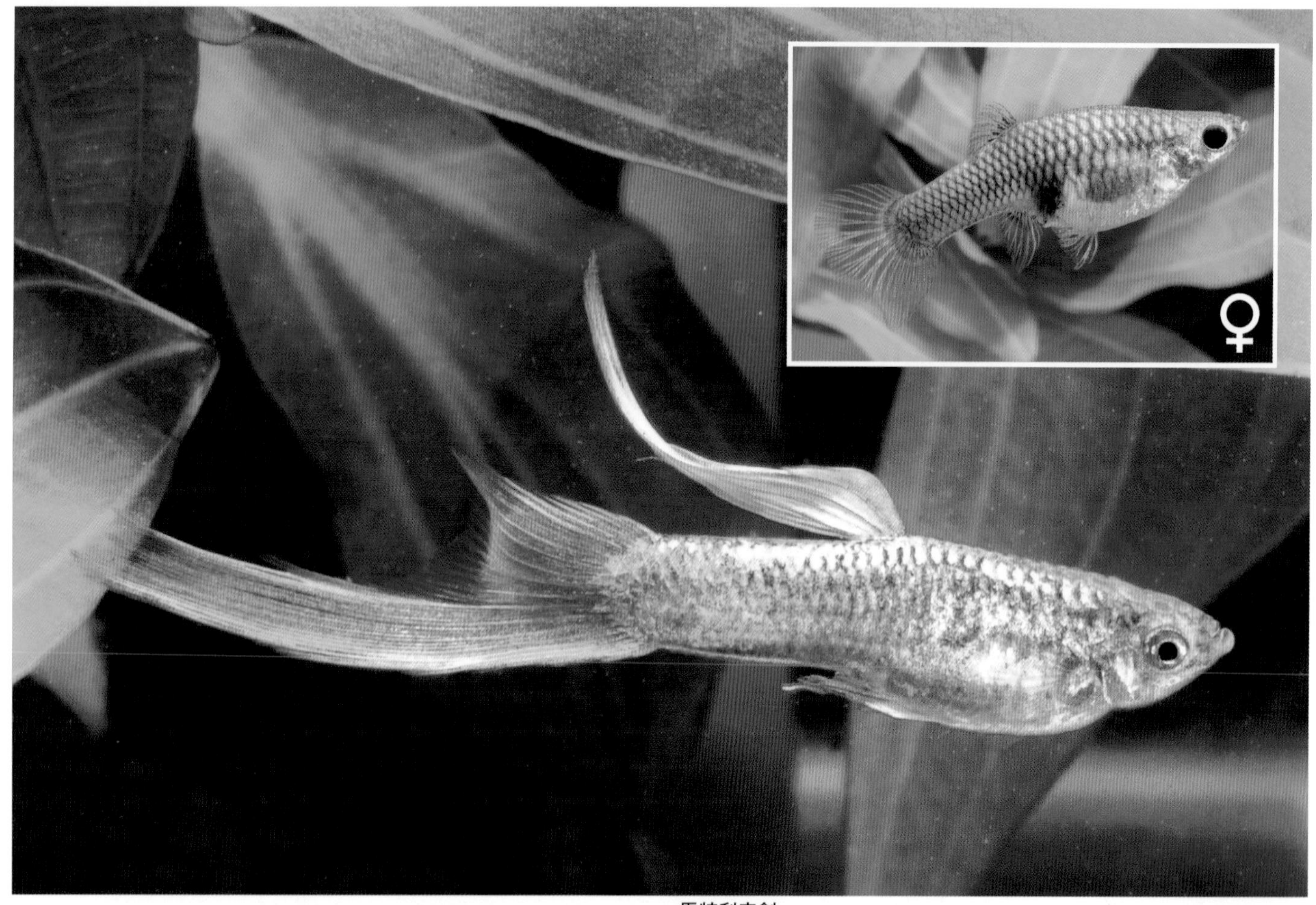


馬特利底劍

孫鐵軍（旭日）

日本藍紅雙劍

曾皇傑 Jack Tseng

維也納底劍

邱智群

虎斑黃蕾絲頂劍

吳昇鴻

黃化蕾絲頂劍

曾皇傑 Jack Tseng

法藍星八弦尾

蔡可平

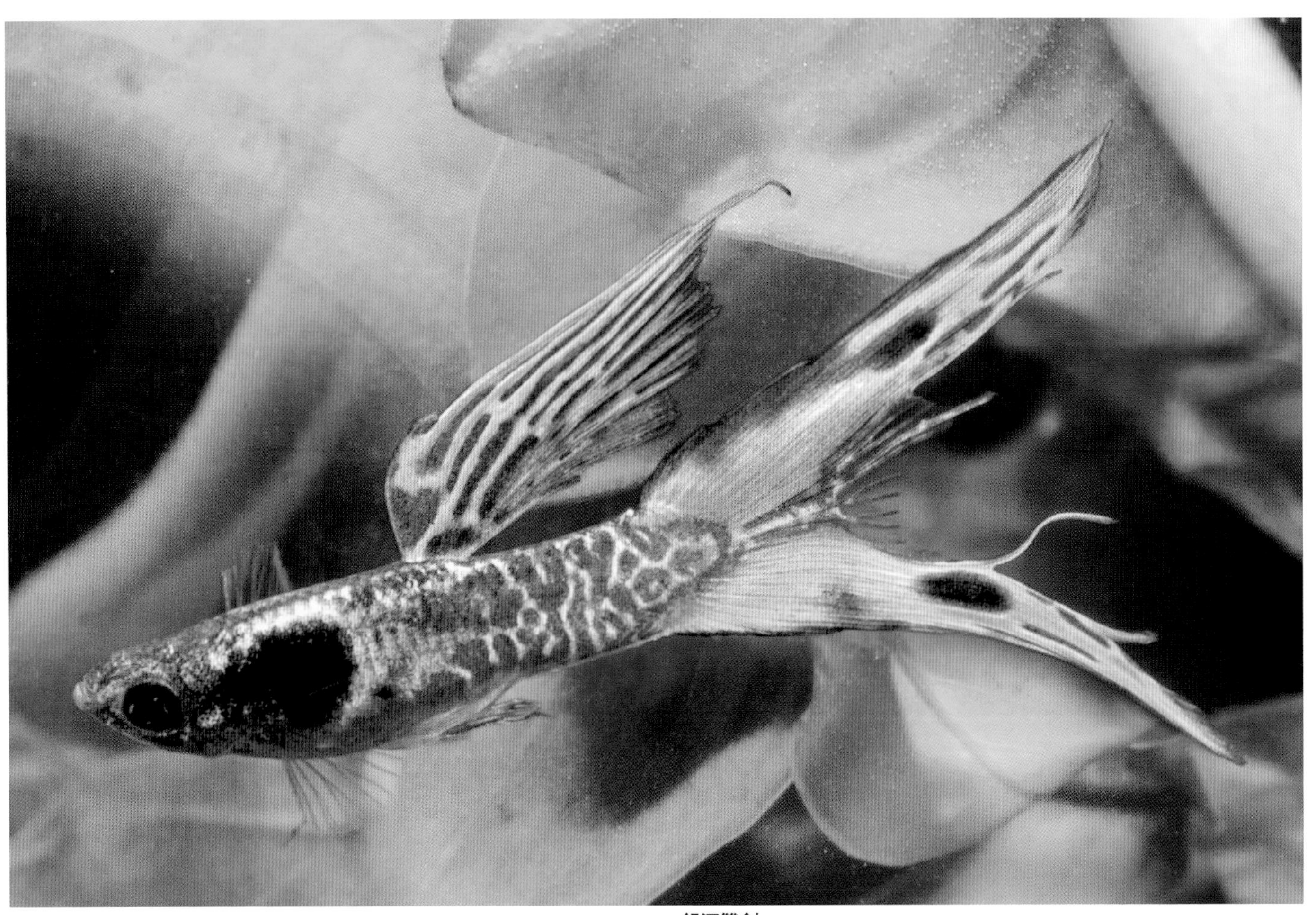

銀河雙劍

曾皇傑 Jack Tseng

艾爾銀雙劍尾

孫鐵軍（假行僧）

霓虹雙劍緞帶

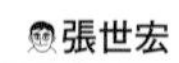張世宏

白金禮服紅雙劍（黑白惡魔）

王洋

拉朱利雙劍

©李福隆

紅面日本藍紅雙劍

©李福隆

黃化維也納綠寶石底劍
莊蝈昊

法藍星紅雙劍
曾皇傑 Jack Tseng

霓虹精靈雙劍白子
李福隆

法藍星底劍
蔡可平

瑪姜塔安德拉斯雙劍
曾皇傑 Jack Tseng

聖塔瑪麗亞

曾皇傑 Jack Tseng

艾爾銀紅雙劍白子

李威

黃化維也納綠寶石底劍

莊蟈昊

拉朱利雙劍白子

李福隆

黃化維也納底劍

李福隆

聖塔瑪麗亞

曾皇傑 Jack Tseng

虎斑黃蕾絲頂劍

曾皇傑 Jack Tseng

黃化全紅雙劍

曾皇傑 Jack Tseng

黃化薩克遜雙劍

曾皇傑 Jack Tseng

紅蕾絲雙劍

曾皇傑 Jack Tseng

莫斯科藍雙劍

曾皇傑 Jack Tseng

黃化全紅雙劍

曾皇傑 Jack Tseng

維也納雙劍

李福隆

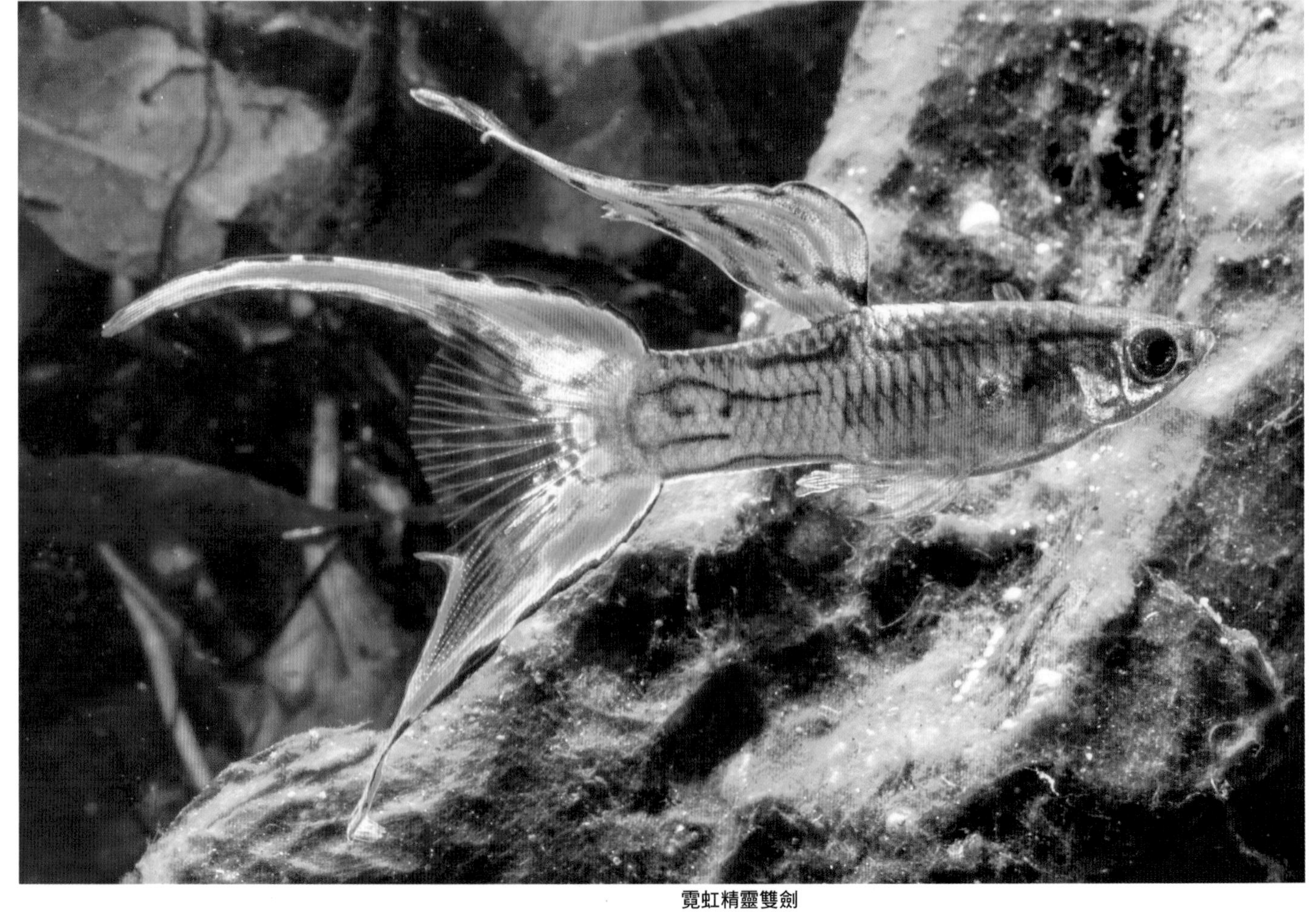

霓虹精靈雙劍

李福隆

黃化黃蕾絲雙劍

©曾皇傑 Jack Tseng

黃化紅蕾絲雙劍

©曾皇傑 Jack Tseng

艾爾銀紅背黃雙劍

李威

聖塔瑪麗亞雙劍

曾皇傑 Jack Tseng

紅珊瑚雙劍

曾皇傑 Jack Tseng

聖塔翡翠綠雙劍

李威

白金日本藍雙劍

李福隆

白金紅雙劍

陳志雄

日本藍銀河雙劍

曾皇傑 Jack Tseng

黃化白金日本藍紅雙劍

李福隆

法藍星底劍

曾皇傑 Jack Tseng

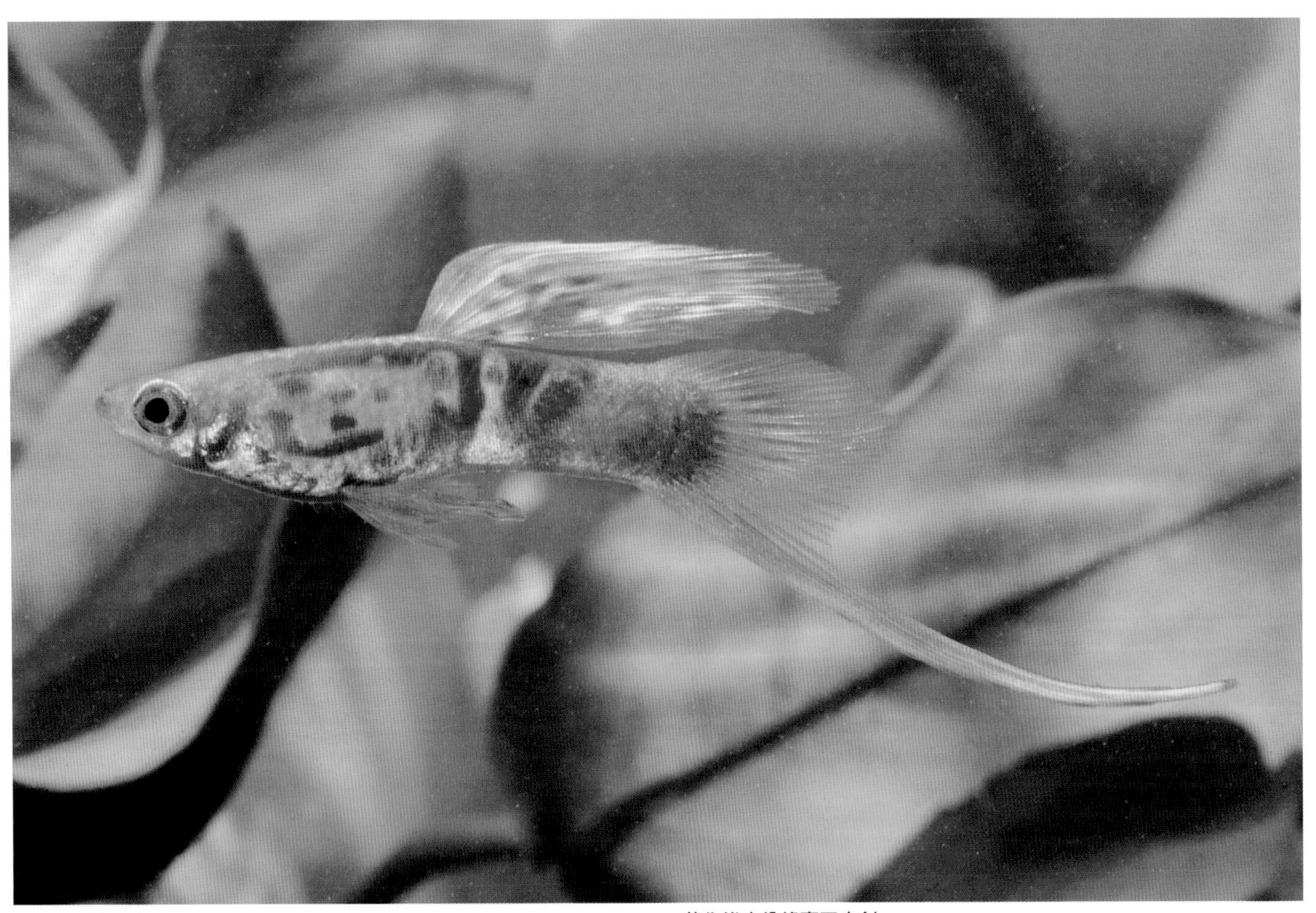

黃化維也納綠寶石底劍

📷曾皇傑 Jack Tseng

馬特利底劍

📷曾皇傑 Jack Tseng

黃化白金雙劍

費路傑

紅珊瑚雙劍

蔡可平

黃蕾絲頂劍

吳欽鴻

法藍星底劍

蔡可平

黃化維也納底劍

毛微昕（特立魚）

黃化艾爾銀紅雙劍

蔡可平

黃化紅珊瑚日本藍雙劍

李敏超（阿神）

黃化紅珊瑚日本藍雙劍

李敏超（阿神）

紅尾日本藍雙劍

李敏超（阿神）

蕾絲頂劍

李福隆

蕾絲雙劍

李福隆

蕾絲頂劍

李福隆

黃化霓虹精靈雙劍

黃廣利

聖塔瑪莉亞血心雙劍

曾皇傑 Jack Tseng

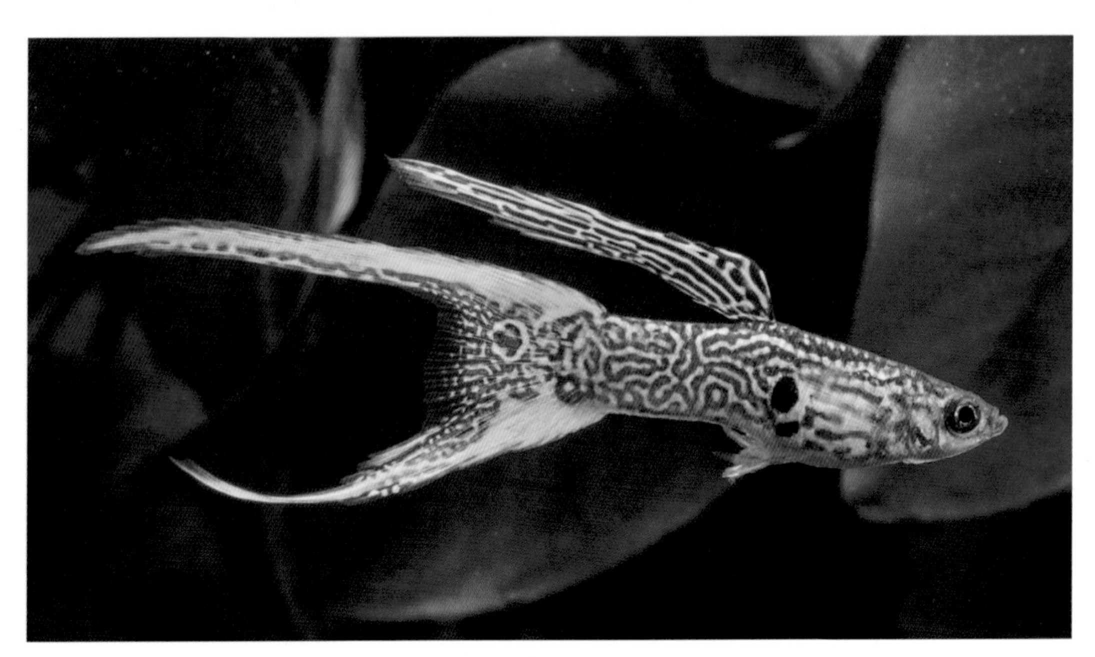

黃蕾絲雙劍

曾皇傑 Jack Tseng

黃化維也納底劍

蔡可平

紅珊瑚綠寶石底劍

費路傑

法蘭星雙劍

毛微昕（特立魚）

黃化銀河雙劍

曾皇傑 Jack Tseng

艾爾銀紅雙劍

蔡可平

法藍星底劍

蔡可平

全日本藍紅雙劍

楊景翔

螢光綠紅雙劍

蔡可平

黃化螢光底劍

養魚人

黃化維也納綠寶石底劍

曾皇傑 Jack Tseng

霓虹精靈雙劍

曾皇傑 Jack Tseng

黃蕾絲頂劍

曾皇傑 Jack Tseng

舒斯特頂劍

毛微昕（特立魚）

法藍星底劍

蔡可平

美塔利卡頂劍（Metarika）

李福隆

維也納雙劍

廖志軒

黃蕾絲頂劍

黃冠之

維也納底劍

蔡可平

艾爾銀紅雙劍

蔡可平

艾爾銀紅雙劍

徐曉軍（假行僧）

維也納底劍

李福隆

紅蕾絲雙劍

李福隆

蛇紋頂劍

李福隆

米卡利夫底劍

鄭匡祐

螢光綠雙劍

吳欽鴻

拉朱利紅雙劍

李福隆

黃化黃蕾絲頂劍

曾皇傑 Jack Tseng

黃化白金雙劍

曾皇傑 Jack Tseng

黃化白金雙劍緞帶

曾皇傑 Jack Tseng

維也納綠寶石底劍

曾皇傑 Jack Tseng

維也納綠寶石底劍

曾皇傑 Jack Tseng

聖塔瑪莉亞雙劍

曾皇傑 Jack Tseng

黃化藍尾禮服燕尾
毛微昕（特立魚）

# 長鰭（緞帶 / 燕尾）Long fin group

Photo : 蔣孝明 Nathan Chiang
others are illustrated under the photo of credit

長鰭孔雀魚包含緞帶與燕尾。

緞帶是屬於顯性基因，長公是沒有生殖能力的，所以交配均交由長母與短公來進行。沒有緞帶表現的母魚不可能產生有緞帶表現的子代。燕尾基因是由二組體染色體基因，包含延伸魚鰭的顯性基因 K（kalymma）與抑制魚鰭的隱性基因 S（suppressor）所組成。兩者均不容易維持，卻帶出了孔雀魚非一般的韻味和美感。在賽場上，一組完整的緞帶 / 燕尾孔雀魚是由緞帶 / 燕尾型母魚（長母）、緞帶 / 燕尾型公魚（長公）與普通型公魚（短公）一共三隻所組成

黃尾禮服緞帶

攝 尤兆旭

藍草燕尾♀

攝 葛濤

霓虹藍禮服燕尾

小騏

蝶翼白雪公主

許磊

鷗翼黃尾禮服（長胸鰭）

廖志軒

大背紅頭紅扇短身緞帶（ball level）

吉爾佶

玻璃肚黃金蝶翼大 C 緞帶

史延巍

血紅白子緞帶（大背）

張守智

玻璃紅頭紅扇緞帶

📷 史延巍

藍尾禮服蝶翼大 C 緞帶

📷 史延巍

紅頭紅扇白子緞帶（短身）

吉爾佶

玻璃肚燕尾

吉爾佶

鴻運當頭燕尾

🅟 叢雲琦

鴻運當頭雙紅分水緞帶

🅟 吉爾佶

黃尾禮服緞帶

黃冠之

美國藍尾燕尾

徐明瑋

黃尾禮服緞帶
Yellow Tuxedo Ribbon

陳彥豪 Marco Chen

美國藍尾燕尾♀

徐明瑋

鴻運當頭雙紅分水緞帶

吉爾佶

藍尾禮服緞帶

莊蛔昊

黃尾禮服 C 型緞帶♀

曾皇傑 Jack Tseng

鴻運當頭（燕尾基因）

叢雲琦

金屬黃蛇紋燕尾

許天仁

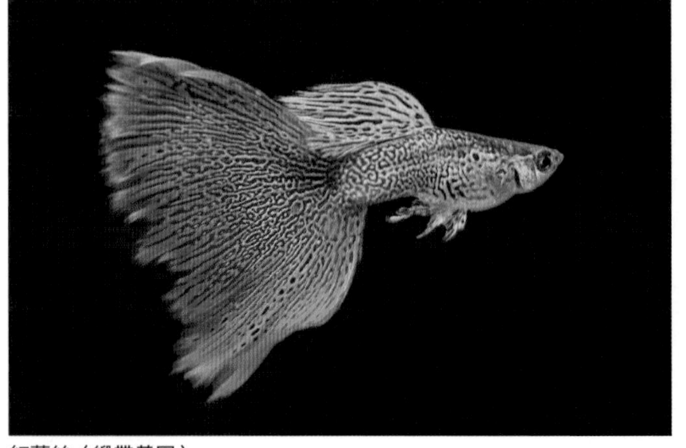

紅蕾絲（緞帶基因）

曾皇傑 Jack Tseng

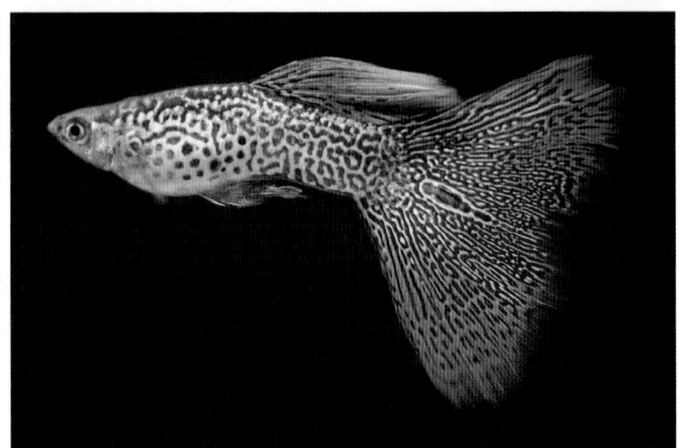

紅蕾絲（燕尾基因）

曾皇傑 Jack Tseng

鴻運當頭（燕尾基因）

叢雲琦

紅頭紅扇短身緞帶（大背）（ball level）

吉爾佶

藍尾禮服緞帶燕尾♀

曾皇傑 Jack Tseng

蛇王緞帶

楊明湘

藍尾禮服白子大C♀（超白體）

張世宏

黃尾禮服緞帶（三角尾）

徐明瑋

紫草尾 C 型緞帶♀

曾皇傑 Jack Tseng

藍尾禮服緞帶

莊蛔昊

紫草尾 C 型緞帶♀

曾皇傑 Jack Tseng

黃尾禮服緞帶白子
Albino Yellow Tuxedo-Ribbon

吳昇鴻

藍蛇王緞帶

曾皇傑 Jack Tseng

藍尾禮服白子大 C 緞帶♀

張世宏

藍尾禮服白子燕尾♀

©張世宏

藍尾禮服白子燕尾♀

©張世宏

藍尾禮服白子緞帶

曾皇傑 Jack Tseng

黃化丹頂紅燕尾

曾皇傑 Jack Tseng

藍尾禮白子大 C 緞帶

張世宏

藍尾禮白子大 C 緞帶 pair

張世宏

藍尾禮服玻璃肚緞帶燕尾白子♀

曾皇傑 Jack Tseng

黃化丹頂紅燕尾

曾皇傑 Jack Tseng

藍尾禮服蝶翼白子（飛船）

許磊

鷗翼黃尾禮服緞帶

李威

莫斯科黑緞帶

陳志雄

古老品系藍馬賽克緞帶

曾皇傑 Jack Tseng

黃尾禮服白子燕尾

曾皇傑 Jack Tseng

藍草尾緞帶♀

曾皇傑 Jack Tseng

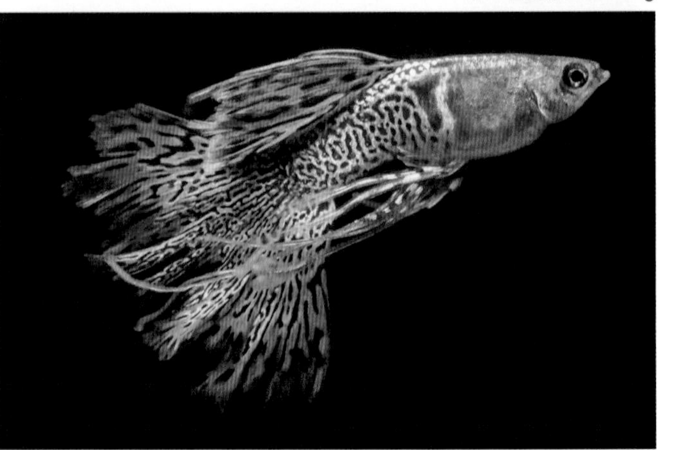
銀河紅蛇紋燕尾

許天仁

黃化紅蕾絲圓尾燕尾

許天仁

全紅白子緞帶

曾皇傑 Jack Tseng

全紅白子燕尾♀

曾皇傑 Jack Tseng

藍珊瑚草尾緞帶

曾皇傑 Jack Tseng

藍尾禮服白子（緞帶燕尾基因）

曾皇傑 Jack Tseng

藍尾禮服燕尾

曾皇傑 Jack Tseng

紅珊瑚扇尾

廖嘉申 小黑（特立魚）

# 特殊尾型大尾（包含半月、冠尾、國旗尾）Special tail group-big caudal

Photo : 蔣孝明 Nathan Chiang
others are illustrated under the photo of credit

特殊大尾型的孔雀魚一直以來都是由冷門的品系所組成。尤其是小半月形的孔雀魚， 多年來更一直只被認同為商業魚而不被玩家所重視。扇尾、國旗尾和冠尾也因為維持不易，商業價值不高而不被玩家們所青睞。不過這幾年來，有玩家把半月改成 180° 的大半月，加上 IKGH 和 WGC 世界杯把半月納入比賽分組之一，促使半月瞬時被玩家趨之若鶩。至於冠尾，雖然還是無法在 IKGH 賽事中登上大雅之堂，不過 2019 年比利時的洲際杯拍賣會上，一對莫藍冠尾卻以破紀錄的 150 歐元被荷蘭玩家標走。

蛇紋紅尾冠尾白子

李福隆

全紅冠尾

曾皇傑 Jack Tseng

野生色珊瑚日本藍扇尾

許磊

閃電藍半月尾幼魚

許磊

粉紅白國旗尾（少女心）

許磊

黃蕾絲冠尾

徐明瑋

艾爾銀紅珊瑚紗尾

廖嘉申 小黑（特立魚）

黃化維也納國旗尾

蔡可平

維也納國旗尾

蔡可平

紅珊瑚扇尾

廖嘉申 小黑（特立魚）

日本藍冠尾

邱智群

莫斯科藍冠尾

邱智群

蛇紋冠尾白子

李福隆

馬鞍藍半月尾

曾皇傑 Jack Tseng

蛇紋冠尾

李福隆

黃尾禮服冠尾

©曾皇傑 Jack Tseng

黃化全紅冠尾

©曾皇傑 Jack Tseng

半禮服紅冠尾

費路傑

蛇紋冠尾

吳欽鴻

斯托巴赫冠尾（流亭）

崔學初（和弦）

虎斑黃尾禮服冠尾
Tiger Yellow Tuxedo Crown Tail

呂安仕 Anshin Lu

蛇紋紅冠尾

©曾皇傑 Jack Tseng

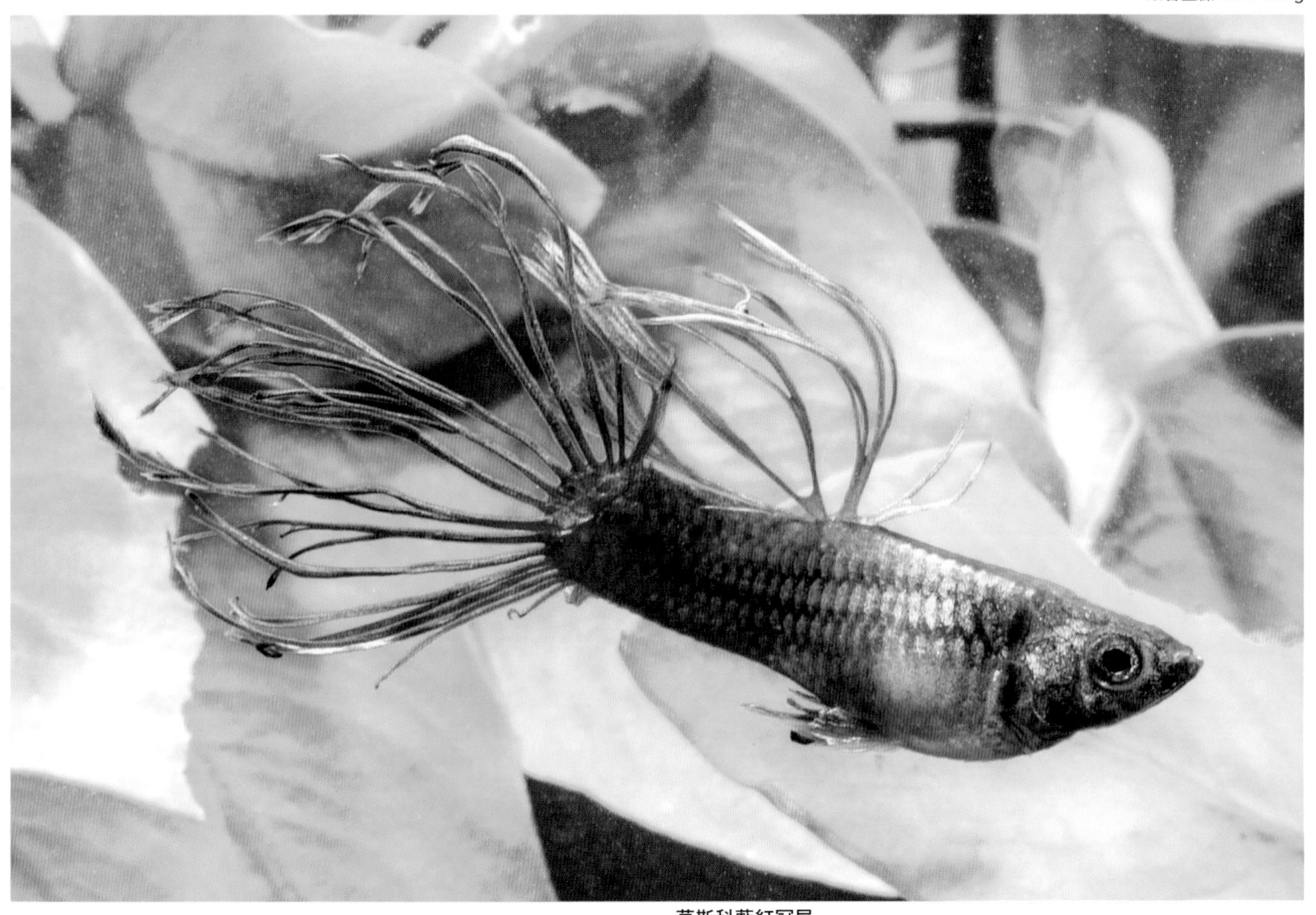

莫斯科藍紅冠尾

©曾皇傑 Jack Tseng

紅尾禮服冠尾

©曾皇傑 Jack Tseng

安德拉斯紅草尾（國旗尾）

©曾皇傑 Jack Tseng

藍尾禮服冠尾

曾皇傑 Jack Tseng

藍尾禮服白子冠尾

曾皇傑 Jack Tseng

銀河草尾國旗尾

曾皇傑 Jack Tseng

馬鞍藍半月尾

曾皇傑 Jack Tseng

德系金屬鐮尾
©張睿（特立魚）

# 特殊尾型小尾（包含圓尾、針尾、鐮尾、矛尾等）Special tail group-small caudal

Photo : 蔣孝明 Nathan Chiang
others are illustrated under the photo of credit

小尾巴的特殊尾型孔雀魚其實比三角尾孔雀魚的歷史更加悠久。上個世紀二戰之後，文獻記載英國人和德國人開始在改良原生種的孔雀魚。各種小尾型孔雀魚被穩定下來之後，就開始在歐洲賽場嶄露頭角。目前IKGH 賽事是把小尾型孔雀魚分組分得最仔細的賽事。在亞洲，飼養針尾，鐮尾和矛尾的玩家遠不如歐洲的多，不過近年來略有增加的趨勢。

紅珊瑚矛尾

邱智群

黃化黃蕾絲矛尾

張睿（特立魚）

全紅白子矛尾

小騏

黃化白金半禮服矛尾

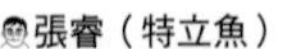
張睿（特立魚）

米卡利夫小圓尾

蔡可平

白金針尾

廖志軒

銀河矛尾

曾皇傑 Jack Tseng

黃化橘紅矛尾

蔡可平

黃銀河矛尾
Yellow Galaxy Spear Tail

呂安仕 Anshin Lu

馬特力圓尾

陳志雄

銀河鏟尾

曾皇傑 Jack Tseng

黃化紅蕾絲圓尾

邱智群

黃蕾絲圓尾

曾皇傑 Jack Tseng

安德拉斯矛尾
Endlers Spear Tail

呂安仕 Anshin Lu

虎斑半禮服矛尾

張睿（特立魚）

黃蕾絲圓尾

邱智群

珊瑚紅針尾

邱智群

全紅白子矛尾♀

邱智群

黃蛇王鏟尾

邱智群

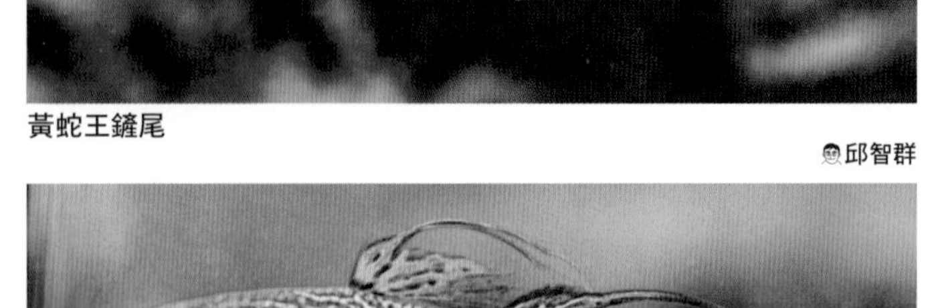

黃蛇王圓尾

邱智群

紅蕾絲圓尾燕尾

曾皇傑 Jack Tseng

馬鞍針尾

曾皇傑 Jack Tseng

白金針尾

黃廣利

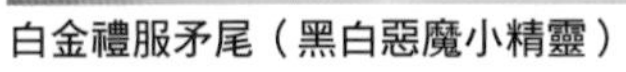

白金禮服矛尾（黑白惡魔小精靈）

王洋

虎安矛尾

李敏超（阿神）

米卡利夫小圓尾

李福隆

黃蛇王圓尾

曾皇傑 Jack Tseng

蛇紋禮服針尾

小麒

馬鞍針尾

曾皇傑 Jack Tseng

雪白矛尾

王耀德

熊貓矛尾

蔡可平

蛇紋矛尾

王耀德

黃化白金矛尾

王耀德

銀河紅矛尾白子

王耀德

銀河鑵尾

曾皇傑 Jack Tseng

馬鞍

曾皇傑 Jack Tseng

蛇紋紅尾豹點矛尾

小騏

黃金禮服圓尾

孫鐵軍（旭日）

紅蕾絲圓尾

曾皇傑 Jack Tseng

金屬紅蛇王圓尾

曾皇傑 Jack Tseng

黃蛇王圓尾白子

邱智群

蛇紋矛尾

蔡可平

白金針尾

韓明均（悍馬）

銀河矛尾

吳欽鴻

黃蛇王圓尾白子

邱智群

白金針尾

曾皇傑 Jack Tseng

全黃金白子矛尾
Albino Full Gold Spear

呂安仕 Anshin Lu

紅矛尾

曾皇傑 Jack Tseng

黃金珊瑚黃馬賽克圓尾

孫鐵軍（旭日）

黃蛇王圓尾

邱智群

黃化黃蛇王圓尾

邱智群

蕾絲鐮尾

李冠儀

斯里蘭卡白小圓尾

蔡可平

虎斑蛇紋黃圓尾

蔡可平

金屬黃蕾絲圓尾
邱智群

紅蕾絲小圓尾白子
莊蝈昊

馬賽克矛尾
王耀德

紅珊瑚矛尾
王耀德

銀河鏟尾
李冠儀

全紅圓尾

黃化黃蕾絲鏟尾

米卡利夫圓尾

虎斑蛇紋圓尾

黃金圓尾

艾爾銀黃銀河矛尾

李威

蛇紋圓尾

虎斑半禮服圓尾

©張睿（特立魚）

黃化紅蕾絲圓尾

邱智群

黃化愛爾銀

曾皇傑 Jack Tseng

黃金虎斑黃馬賽克圓尾

孫鐵軍（旭日）

黃蛇王圓尾

曾皇傑 Jack Tseng

黃化紅蕾絲圓尾

許天仁

米卡利夫圓尾白子

邱智群

虎安矛尾

李敏超（阿神）

銀河小圓尾

李福隆

艾爾虎

李冠儀

黃化白金紅矛尾

曾皇傑 Jack Tseng

蛇紋紅蕾絲圓尾

韓明均（悍馬）

黃蕾絲小圓尾

鄭匡祐

白金針尾

陳嘉賓

維也納矛尾

蔡可平

法藍星紅矛尾

蔡可平

安德拉斯針尾

毛微昕（特立魚）

日本藍黃矛尾

蔡可平

紅珊瑚矛尾

邱智群

蛇紋矛尾

蔡可平

黃化白金紅矛尾

張睿（特立魚）

銀河矛尾

莊蝈昊

法藍星紅矛尾

蔡可平

黃化蛇紋矛尾

蔡可平

紅珊瑚矛尾

韓明均（悍馬）

比賽舉行地點就在這家旅館

歐洲孔雀魚比賽報導

# 英國孔雀魚比賽

## Guppy Show in Kettering – England

文：林安鐸 （Andrew Lim）
圖：林安鐸（Andrew Lim）/ 蘇志忠 (Helven Saw)

這趟歐洲行，是在辦完第十六屆世界盃孔雀魚大賽後才決定的。不像我以前的出國計劃，這次歐洲行的籌備時間也比較短。還好通過臉書，可以和世界各地的同好事先聯絡好，雖然沒有去到什麼景點，不過能夠參觀多位魚友的魚室，也算不虛此行了！

此行我是和大馬孔雀魚俱樂部創辦人之一的 Helven Saw（蘇志忠）同行，長途旅途中，多了一個伴，也可以在陌生的國度裏，有個照應。這次是我第二次前往歐洲當評審，也是第一次以世界孔雀魚協會會長的身份遠赴歐洲。這次是受到英國孔雀魚俱樂部的前會長 Stephen Elliott 的邀請而赴會。

2013 年 10 月 8 號下午三點，我們先從檳城飛到新加坡，由於飛往倫敦的班機是在午夜 12 點，我們就乘轉機的時間，先跟新加坡魚友駱先生在一家中餐廳會合，順便幫新加坡魚友帶參賽魚到英國參賽。駱先生在晚餐後，親自開車送我們到新加坡樟宜機場，我們在 11 點左右開始登機，搭乘載客量可達 360 人的新航 A380 空中巨無霸，一路向西的飛往倫敦。直航班機在 13 個小時的飛行後，降落在倫敦希斯羅機場（Heathrow Airport）。我們攜帶了合法的活體入口証和健康證明書，不過機場檢疫局還是要短時間內隔離我們帶去的參賽魚。

▲ 凱特琳孔雀魚比賽主辦人 Stephen Elliott

◀ 評分日現場必須清場，以讓評審可以在不受干擾的環境下評分

2 箱參賽魚被帶走之後，我們只能夠在機場傻等，經過約 4 小時的漫長等待，我們才接到電話，說可以把魚領出來了。由於希斯羅機場擁有兩條平行的東西向跑道及五座航廈，而檢疫局是在第三航廈和第四航廈之間，我們是沒辦法從在等待的第三航廈出境大廳走路過去。在 Stephen 的建議下，我們只能夠乘搭計程車到檢疫局，然後在到下榻的飯店休息。一路上我們的視線無法遠離計程車的計費表，從機場到檢疫局，再到倫敦市區的飯店，一共是 85 英鎊，加上小費 5 英鎊，還沒開始英國行，旅費就先少了 90 英鎊（約新台幣 3500）。英國的消費水平，可想而知。

在飯店整頓好行李，Helven 建議先幫參賽魚換點水，可是我們找遍了房間，也沒有找到一瓶水，我們只好外出去附近的超市買礦泉水，英國的物價，再次令我們震撼，一瓶小小的礦泉水，竟然要 2 英鎊，大瓶的要 3 英鎊，不過想到千里迢迢來比賽的魚，絕對不能未戰先陣亡的，所以還是乖乖的買了三大瓶的礦泉水搬回去飯店幫魚換水。這次帶來的參賽魚來自馬來西亞、新加坡、中國大陸和台灣，經過 2 天的奔波，還好只有一隻母魚陣亡，其他的都可以上場比賽。

成績公佈後，每一缸都會貼上參賽者的姓名和分數

在倫敦住了一晚，我們在市區逛逛，由於兌匯率和時間的關係，我們也無法多看倫敦的景點。倫敦地下鐵是全世界最古老的地下捷運系統，我想，也是我坐過最貴的捷運。從飯店附近的捷運站，搭兩個站來回票，竟然要 7.3 英鎊（約新台幣 350 元），不過既然已經來了，我們還是去體驗一下 600 多萬倫敦人每天使用的交通工具。

第二天，貼心的 Stephen 已經派人把從倫敦到比賽會場凱特陵（Kettering）的火車票送到飯店，我們從倫敦坐火車到凱特陵，約一小時就到了。一踏出月台，Stephen 已經在不遠處向我們召喚，露天式的月台，是歌德式的建築，寒風吹來，頓時令人覺得秋天的腳步快到了。比賽場地救在火車站附近，所以我們也就拖著笨重的行李，從火車站步行到下榻的飯店（也是比賽場所）。這飯店是在一個非常純樸古老的英國小鎮，只有三層樓，36 間房間的小型飯店，不過房間卻是非常的乾淨舒服。比賽場地在飯店的一樓，約 50 坪的空間，足以容納超過百人的會議廳。英國人對待動物非常寬鬆，飯店和餐廳都

英國孔雀魚俱樂部的會員都會帶一些自己繁殖的魚來到現場販售，部分所得會捐給俱樂部當作活動基金

可以接待寵物入住，更何況是不會咬人的孔雀魚！這場比賽是英國孔雀魚協會聯合英國胎生魚協會聯辦的年會，每年 10 月都會舉行一場盛會。大會準備了約 200 缸，每一缸都有一株水草，據說是可以為剛入缸的魚解除一些壓力，缸子有打氣不過不含過濾系統，有燈照，比賽期間不餵食，有生小魚也不能事先撈起來。評審員除了我本身之外，還有來自德國的 Hermann-Ernst Magoschitz、Ralf Loch、來自意大利的 Cristian Salogni、英國的 Dawn Ann Pamplin，然後還有一位實習裁判，來自波蘭的 Jacek Ambro kiewicz。歐洲比賽的規定，是每一缸都要評分，所以比較耗時。清早八點，大家先在飯店享用傳統的英式早餐，然後所有評審員先跟 Stephen 開個會，接下來就

時任會長 Carl Stewart 正在主持拍賣會

拍賣會現場

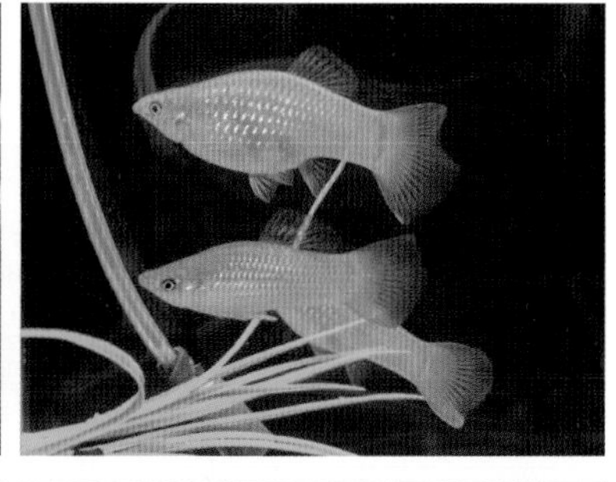

英國卵胎生魚協會也在現場展示野生採集的圖畫和其他珍稀魚種

是冗長的評分時間。中午休息一小時，直到下午四點，評分才算結束。

大會約 6 點左右就公佈了消息，所有的參賽者都會知道自己的分數。大會也會通過電郵通知所有的參賽者。最後，來自意大利的 Crisitan Salogni（也是評審之一）

Helven 正在聚精會神的補抓每一缸比賽魚的倩影

以 150.33 分高居榜首而奪得冠軍。參賽魚是亞洲罕見的黃金茅尾，這尾魚無論是在身形、尾型和背鰭，都承托出一條冠軍魚該有的特色。值得一提的是，第二和第三高分的得獎人，分別來自丹麥的 Anne Lyksgaard 和意大利的 Cinzia Lamoure，她們都是歐洲孔雀魚界巾幗不讓鬚眉的代表人物。以上這種種現象，充分的刻畫出了歐洲賽場和亞洲賽場的區別。在亞洲，短尾類幾乎無法得到總冠軍，總字輩的得獎魚也大都是大尾鰭的魚種囊括，亞洲的女性玩家也比較不熱衷於參賽，希望這篇文章可以有拋磚引玉的作用，讓更多亞洲女性玩家踏出她們的第一步！

評分結束後，貼心的主辦人 Stephen 安排了小型巴士載我們到附近的餐廳用餐，歐洲賽場的傳統是，主辦單位會幫你結帳，不過喝酒喝飲料，就必須事先到餐廳的吧台自己買。這晚餐非常的豐盛，大家也很盡興的喝，到了最後，我們才被告知要走 15 分鐘的路程去參觀 Stephen 的魚室。微醺過後在下著雨的冷天裏行走 15 分鐘絕對不是一件好差事，不過就是因為大家都對孔雀魚太熱忱了，15 分鐘的路程，在有說有笑中，很快就到了位於 Stephen 辦公室旁的魚室。

來自丹麥的 Peter Dyhr 和德國的 Ralf Loch 在交換攝影心得

來自丹麥的 Peter Dyhr 正在觀察包裝在呼吸袋 4 天後的孔雀魚

小女孩正在聚精會神的欣賞孔雀魚之美

◀Stephen 攝於自家魚室
▼Stephen 的魚室

Stephen 的每一缸魚都會標明魚的來源出處

Stephen 展示他自己繁殖的活飼料

在 Stephen 魚室裏撈得不亦樂乎的大男人。左為意大利的 Cristian Salogni，右為馬來西亞的 Helven Saw

Stephen 的魚室規劃的非常整齊，空間雖小，不過該有的設備都有。雖然不是全自動的系統，不過還是讓人大開眼界。約 80 缸的魚，Stephen 必須在一周內換水 3-4 次，主要以豐年蝦無節幼蟲和飼料餵食。魚室也裝備了加溫系統，好讓冬天來臨時，這些孔雀魚可以好好的過冬。

比賽的最後一天是星期日，也是所有魚隻的拍賣時間。俱樂部主席 Carl Steward 引領拍賣盛會，所有的參賽魚皆可競標，每對魚標價從 3 英鎊開始，每舉一次手，代表喊價 1 英鎊。大多數的參賽魚都在 15-20 英鎊之間被標走。最高的競標價，當然是分數最高的茅尾，成交價接近 100 英鎊。這證明，好魚還是會遇到知音人！英國胎生魚協會也在孔雀魚拍賣會結束後，拍賣他們帶來的一些珍稀魚種，由於我們要搭乘傍晚的班機離開英國，不得不跟這些魚友們道別！希望來年的盛會，還是可以再相見！

Stephen 正在為大家講解魚室的通風和保暖系統

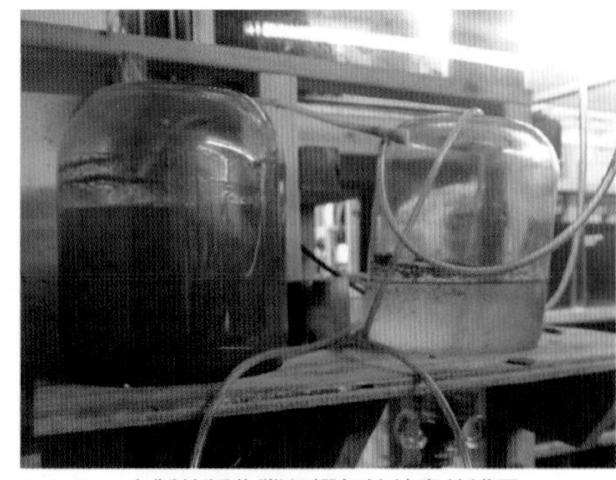
Stephen 自製的孵化豐年蝦無節幼蟲的罐子

雖然跟亞洲的系統缸不一樣，但是可見到的是井然有序的排管和每日管理魚室的日常列表

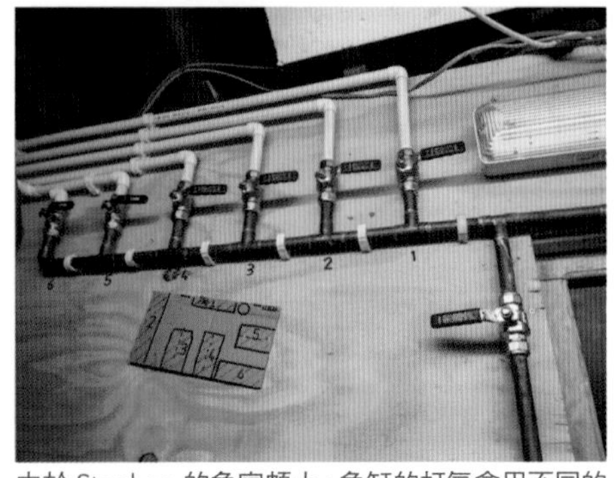
由於 Stephen 的魚室頗大，魚缸的打氣會用不同的風管開關來控制，並會分區來管理

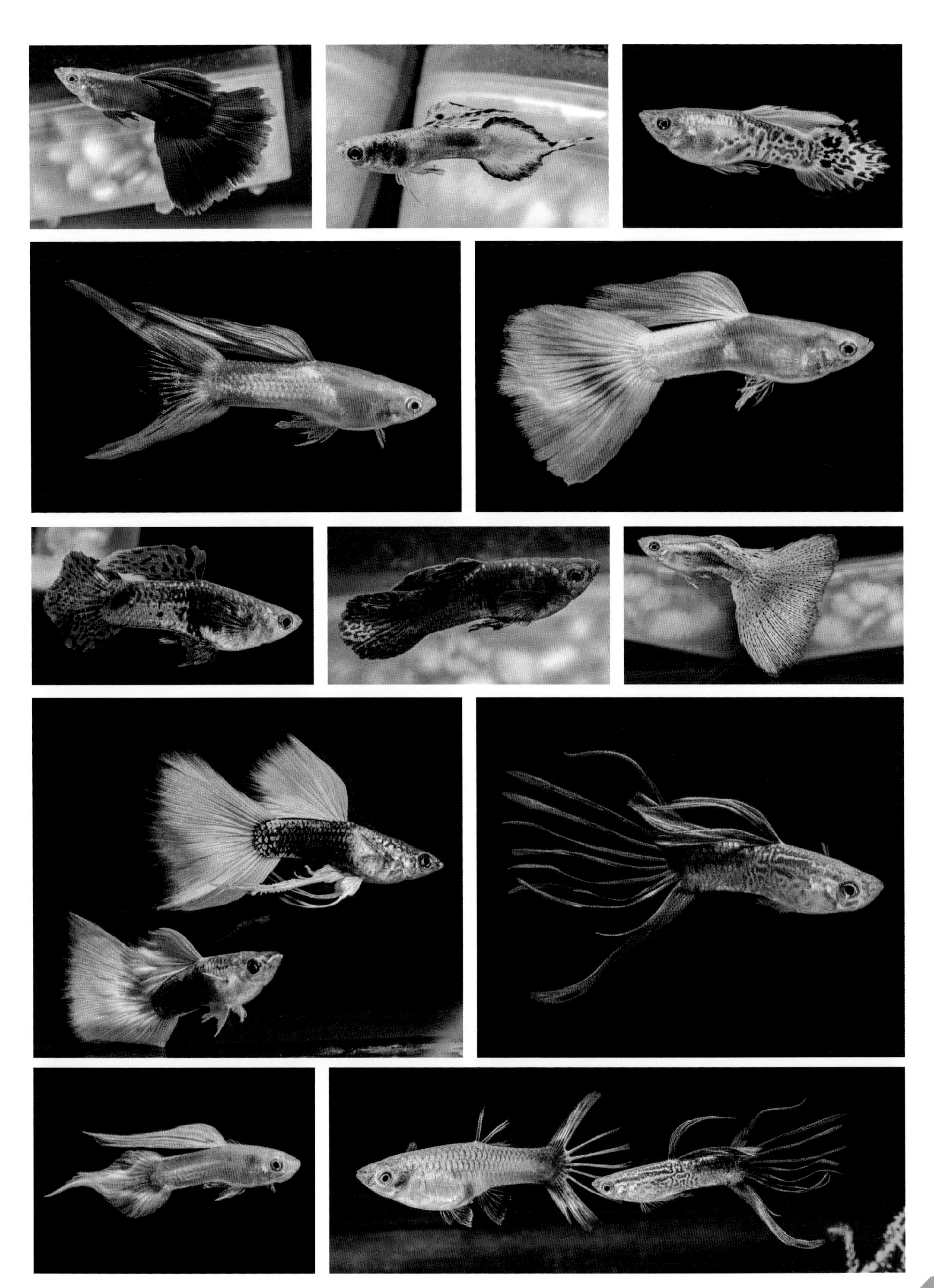

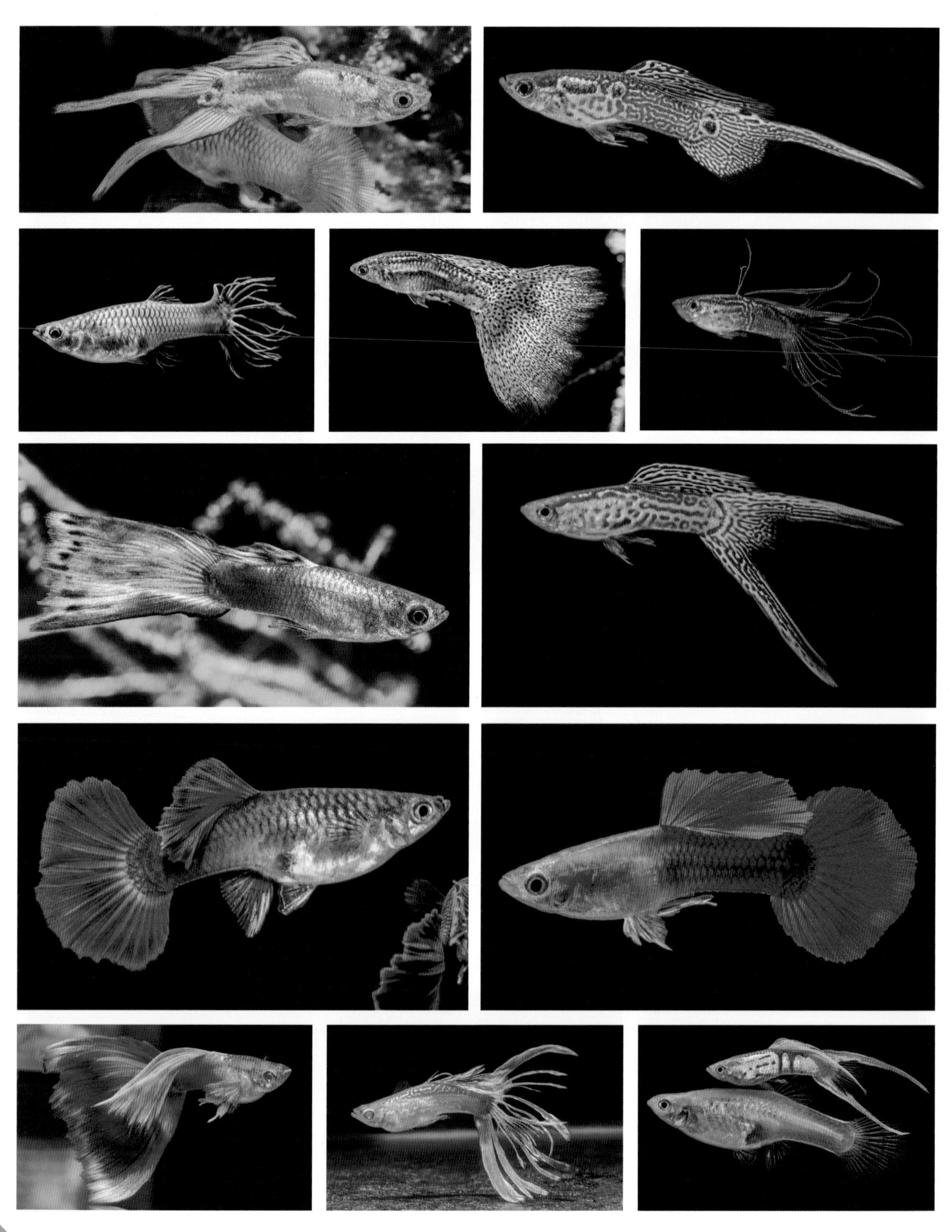

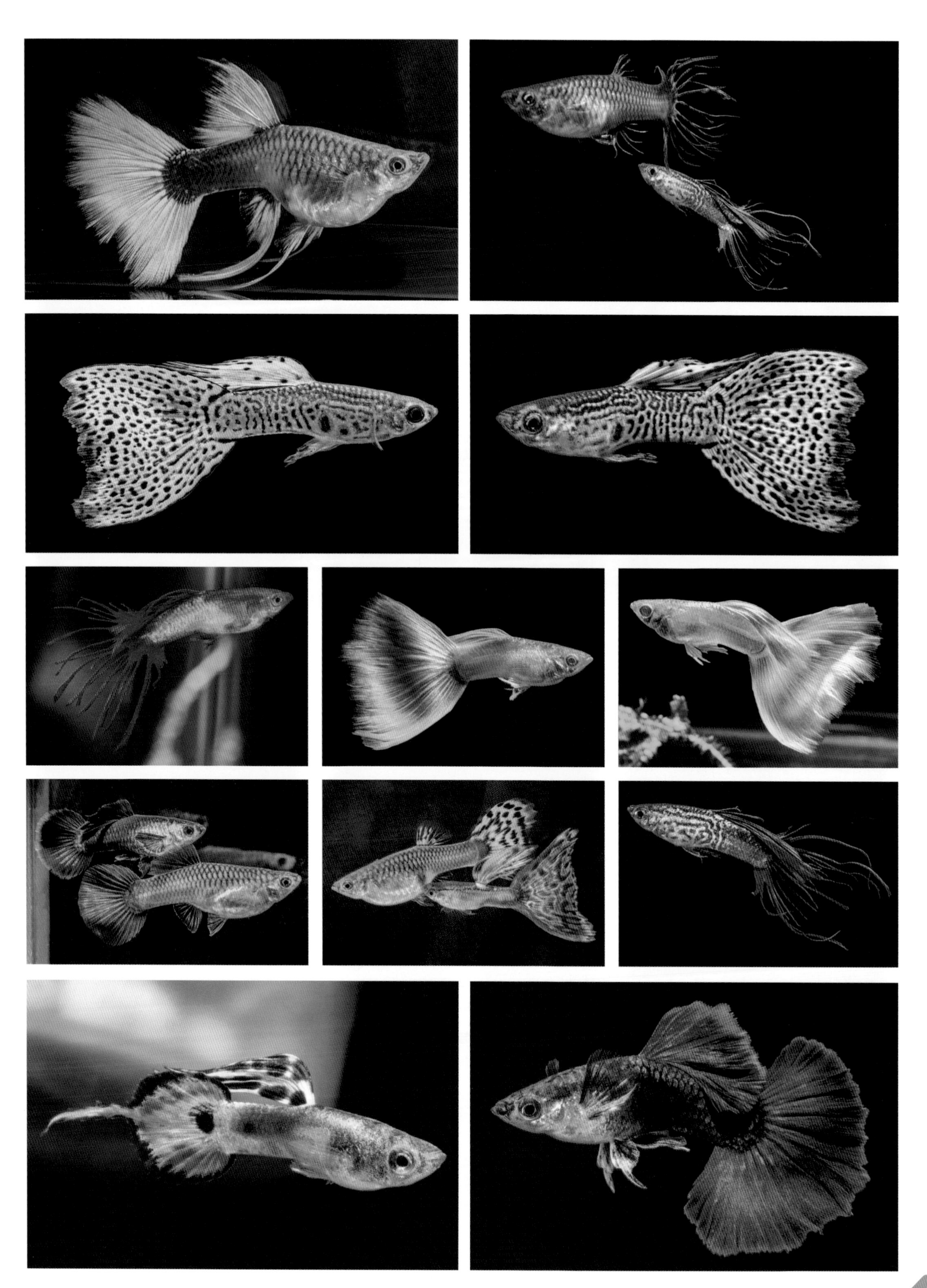

COEX 水族館地點優越，交通便利，連接著捷運綫和購物商圈

# 舞動首爾，孔雀飛舞

## 韓國 Gusamo 孔雀魚俱樂部第 16 屆賽事暨第三屆亞洲孔雀魚邀請賽

■文 / 圖：林安鐸（Andrew Lim）　■協力：韓國 Gusamo 孔雀魚俱樂部

### Gusamo 簡介

韓國 Gusamo 孔雀魚俱樂部成立於 1990 年代，是亞洲少數成立於上個世紀而又活躍到今天的團體。筆者在 2005 年第一次跟 Gusamo 有接觸，那時候有礙於語言上的障礙，一直沒有進一步的交流。直到 2008 年筆者在檳城舉辦的第 4 屆大馬孔雀魚挑戰賽，韓國團體不但派了 3 位團員前來交流，其中一位金先生還是裁判團的一員。金先生任職於美國高科技公司位於首爾的分公司，英文造詣自然比其他團員好很多。我跟金先生無論是在電子郵件或是電話中的溝通，都不會有問題。

明亮整潔的架子和寵物盒， 是這次韓國比賽的特色

工作人員在 COEX 水族館的入口處張貼比賽的海報

現場報名非常的踴躍

比賽魚登記後，就是兌水兌溫的動作

## 首爾 10 年來的改變

這一次的比賽，承蒙金先生的邀請，我才有機會在九年之後再次蒞臨韓國。從漢城到首爾，韓國首都在這幾年來的改變，絕對不只是改個名字而已。首爾街頭的現代化建築物，錯綜複雜的捷運系統和在購物商圈內的各國名牌貨，都和世界其他大都會有過之而無不及。首爾的治安也是亞洲最好的。而韓國孔雀魚在 Gusamo 創立以後，因為有會員在日本、大陸和歐洲工作，所以韓國孔雀魚的品系都含有各個國家所有的特色。這次去韓國，雖然顧慮到語言上可能會有障礙，我還是義無反顧的答應了金先生的邀請，到韓國去當評審去了。

## 團隊精神，事半功倍

Gusamo 今屆的會長林先生是一位非常有魄力的中年人，這次的比賽能夠圓滿舉行，林會長除了出錢出力，還成功找到韓國各大水族品牌和 COEX 水族館的贊助，實在是功不可沒。以筆者以往辦比賽的經驗，辦比賽要靠一個人，絕對是不能成功的。這次在韓國也是一樣，林會長和他的會員們展現出一個非常團結的團隊，我在現場看到的是一個非常有組織規劃的團體，每一位會員，甚至會員的另一半，都會不求回報的付出。

## 地點優秀，人潮洶湧

比賽場地是在首爾商業與經濟命脈的江南區的 COEX Mall 舉行。COEX Mall 是南韓最大的室內購物廣場，裏頭的 COEX Aquarium 水族館也是首爾著名的旅遊勝地之一。這次能夠在這麼得天獨厚的地點舉行，全靠 COEX Aquarium 的大力贊助。除了騰出地方讓 Gusamo 舉辦比賽之外，COEX Aquarium 還贊助了 20 張門票給工作人員，水族館的市場經理也親自帶領筆者免費環游水族館一圈，並對裏面的水底生物作了非常詳細的介紹。由於篇幅有限，對於 COEX 水族館的精彩介紹，筆者將會在以後再為各位讀者來做詳細的報導。

比賽的評分在早上 10 點開始，不過金先生在早上七點就來飯店載我，他先帶我在會場附近品嘗了到底的韓國早餐 ---- 韓式拌飯。這是由白飯，加上生牛肉、菜頭、紅蘿蔔絲和紫菜等一起攪拌之後的餐點，味道非常好。不過由於一大早吃不慣生牛肉，我都先把牛肉在熱湯裏涮一下才加入飯裏。早餐後我們就到 COEX Mall 裏去，由於時間還早，停車場更是沒有一輛車，我以為我們是第一個到會場的，沒想到進入會場，已經有不下 10 位 Gusamo 會員在裏面設缸，還有一些女性會員則忙著貼海報，來點綴周圍的牆壁。早上 8 點，會員們陸續到達，大家都拿著自己辛苦飼育的孔雀魚來參賽，見了面大家也會寒暄一番，先禮後兵。不過依現場的氣氛來看，勝負已經不是那麼重要。有個會員甚至開車 5 小時才到達首爾，除了來比賽和觀摩，還帶來了 10 對自己繁殖的孔雀魚來送給新手，精神可嘉！

評審合影

## 台灣俱樂部囊括多項冠軍

由於這一屆的比賽也是第三屆的亞洲孔雀魚邀請賽，所以除了 Gusamo 會員之外，也有來自中國廣州、台灣、馬來西亞和新加坡的魚前來參賽。

台灣的水世界孔雀魚俱樂部（WWGC），這一次派了 3 位代表親臨韓國，會員之一的莫啟聰也是評審之一。水世界也是這一屆的大赢家，在各個組別都有所斬獲。而來自台灣的尤兆旭也憑著霓虹禮服白子榮登全場總冠軍的寶座。這一對魚的體型和顏色其實並沒有其他冠軍魚那麼出色，不過就泳姿，公魚和母魚的配搭和健康表現都比其它魚還要好，所以這次能夠脫穎而出，說明了比賽魚的狀態是非常重要的。

比賽分成 6 個組別，每一組都會頒發冠、亞和季軍三個獎項，全場總冠軍是從 6 個組別的冠軍裏挑選出來的。評分結束後，大家都爭先恐後的湧上前去看得獎魚。而會場的觀眾也越來越多，大家都忙著招待新來的訪客，並對他們解說孔雀魚的飼養經驗。

下午 3 點半，會長林先生在致詞後，也辦發獎盃給得獎人和裁判們。接著會員們必須在 5 點半之前，把架子和魚缸的其他屬於俱樂部的東西都搬走，把會場清理乾淨還給 COEX 水族館。由於連續 3 天的長途跋涉和不夠睡眠，這個時候我已經接近虛脫，沒有辦法幫忙他們做善後的工作，只能在一旁小歇。不過不下一會兒工夫，會場已經清理乾淨並恢復原來的樣子，實在是非常佩服韓國人做事的方式。

## 比賽成績

| 組別 | 1st in class 冠軍 | 2nd in class 亞軍 | 3rd in class 季軍 |
|---|---|---|---|
| Solid Tail 單色組 | 22. Full Red, Mr. Wu（WWGC） | 23. Full Red, Mr. Wu（WWGC） | 9. Full Red, Huang（China） |
| Pattern Tail 紋路組 | 36. Blue Grass, Blake（WWGC） | 33. Blue Grass, 林春先（WWGC） | 34. Blue Grass, 林春先（WWGC） |
| Cobra 蛇紋組 | 70. Red Lace Cobra, Amo（WWGC） | 71. Red Lace Cobra, Amo（WWGC） | 68. Cobra, Amo（WWGC） |
| Tuxedo 禮服組 | 107. RREA Neon Tuxedo, Frank Yu（Taiwan） | 108. H/B Blue, Blake（WWGC） | 93. German Yellow Tail Tuxedo, 허길 |
| Sword Tail Class 劍尾組 | 121. Double Sword, Amo（WWGC） | 123. Spear Tail, Henri Tsai（Singapore） | 125. Glass Belly, 조영수 |
| A.O.C. Class 公開組 | 151. Lutino Old Fashion Red Mosaic, 김태훈 | 156. Old Fashion Red, 신득용 | 157. Coral Blue, Blake（WWGC） |

全場總冠軍

全紅組冠軍

劍尾組冠軍

蛇王組冠軍

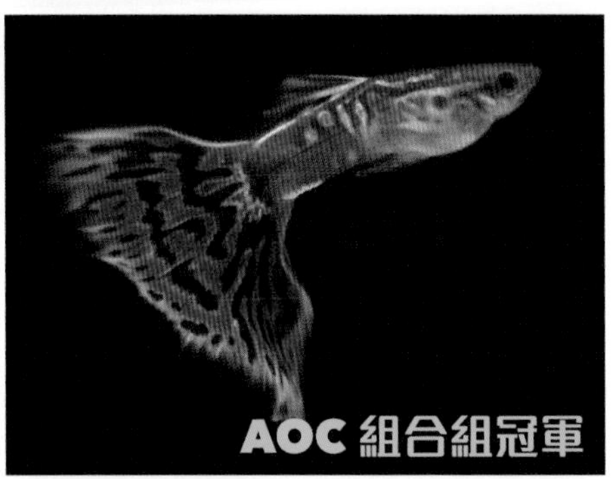
AOC 組合組冠軍

紋路組亞軍

蛇紋組亞軍

禮服組亞軍

草尾組亞軍

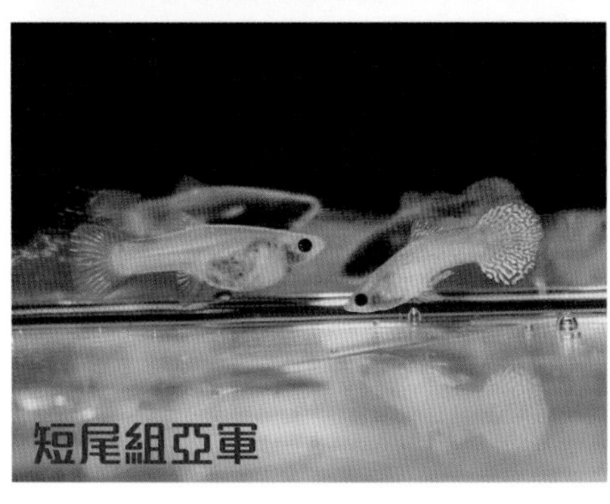
短尾組亞軍

傍晚六點，大家都飢腸轆轆了，這次連同所有會員和裁判們，我們移步到附近的韓國烤肉餐館去享用晚餐，這一刻，大家都放鬆了，大家一起把酒當歡，吃著烤肉的當兒也一起交流，並一起討論明年的賽事該如何改進。比賽就在歡樂的氣氛中落幕了！

這次韓國之行，確實獲益良多，除了見識到不同國家的比賽方式，也見證到韓國人對養魚的熱忱。只不過時間有限，我無法參觀魚友的魚室和首爾的水族街，誠屬可惜，希望明年可以再次造訪韓國，再次感受韓國秋天裏所綻放出來的熱情！

# 《永遠的傳奇，一生的榮耀》
# A LIFETIME OF ACHIEVEMENT

Stan Shubel，一個在孔雀魚界響亮的明星
他一生總是低調的養魚，默默的耕耘和付出

文： 安德魯 (Andrew Lim)
圖： Joe Mason

2015 年美國佛羅里達州的世界盃，他被授予終生成就獎，這個獎項是由當年的世界盃主辦方辦發於 Stan Shubel 老先生，以肯定他這一生為孔雀魚的付出和犧牲！Stan 老先生的孔雀魚之旅始於 1956 年，當年，剛退伍的他收到了一個裝滿孔雀魚的玻璃瓶，他拿回家後，不斷的鑽研這些熱帶魚類。當時資訊缺乏，沒有網路，他只能夠在不斷的嘗試中吸取從屢屢失敗中的經驗。幾年後，他學會了要在幼魚的時候就把公魚和母魚分開，然後再從中挑選幾隻比較優秀的公魚來跟親代或同代的母魚自交。

60 年代的美國，觀賞魚藥物還不是很普遍，Stan 老先生通過不斷的研發，和朋友創立了一間專門販售觀賞魚藥物的公司，並在不久後把這間公司轉讓給友人。60 年代末，他成立了 Wayne Aquarium Club，並在不久後更名為底特律觀賞魚俱樂部（Detroit Aquarium Club），這個協會經過半個世紀後，依然存在並逐漸的壯大。之後，他也加入了美國孔雀魚協會（American Guppy Association），可是這個協會並沒有正式的聚會或交流，所以之後他再加入了美洲孔雀魚協會聯盟（The Congress of Guppies Society），這個協會在美國的 Ohio 州的 Columbus 市成立，當時的成員還有來自加拿大的多倫多。這就是目前 International Fancy Guppy Association（IFGA）的前身。IFGA 多年來致力於推廣孔雀魚的發展和改良，並在多年後的今天任然屹立不倒，Stan Shubel 老先生可是創會元老之一，功不可沒！

創會之後，Stan Shubel 和一群熱血的魚友在 Michigan 州的 Dearborn 市共同商討並創造出了 IFGA 的評分標准，過後他在 IFGA 的評審團內擔任主席長達 20 年之久，間中他更被選為 IFGA 的副主席，長達 5 年之久。

養魚初期，Stan 並不熱衷於比賽，也不是很喜歡把自己的魚帶出門。一開始養魚，是因為被這五彩繽紛的熱帶魚所吸引，接下來他開始認真養，並把多餘的魚賣給水族店家，希望可以借此補貼家用。接下來成名後，他參加比賽的次數也不多，不過他倒是非常熱衷於到美國各

2015 年世界盃主辦單位頒發給 Stan Shubel 的終身成就獎

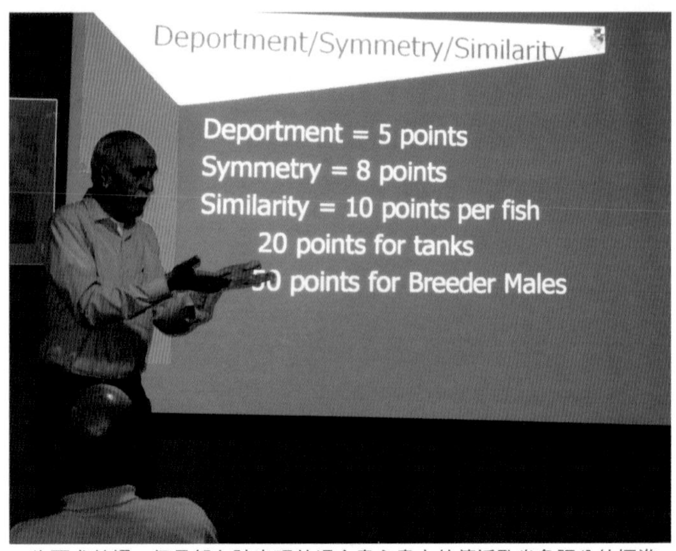

一生不求榮耀，但是都在該出現的場合盡心盡力的傳授孔雀魚評分的標準

Stan Shubel 在孔雀魚界是爺爺級的殿堂人物，每每有魚友到訪， 他都會不吝賜教

Stan Shubel 在魚室與到訪的魚友合影，左起 Joe Mason, Stan 和 Jack Schendowich

2015 年當世界盃主辦人 Joe Mason 的夫人 Liz 宣佈 Stan 獲頒終身成就獎時，Stan 的表情木然，想必是感觸良多，其夫人 Ethel 則一臉錯愕和興奮

地去當評審，和玩家交流。Stan 的妻子 Ethel 過後提醒他說，若要在競爭激烈的美國市場佔一個席位，就必須更熱衷於比賽，讓自己的好魚能夠讓更多人知道。Stan 於是聽了妻子的勸告而開始參加多場比賽，不過事實並不如想象中的完美。那時候網路開始興起，玩家可以從網路上得到很多資訊，並有些人開始在網路上販賣孔雀魚，那時候是他的低潮期。

Stan Shubel 這一生中被 IFGA 頒發 5 次的年度孔雀魚人物大獎，這個獎項是美國孔雀魚界乃至全世界的最大榮譽。2005 年，他更被獲頒“孔雀魚大師獎”，同年也被選為 IFGA

2015 年 Stan 率領眾人參觀佛羅里達州大學的生物科技研究舘

2015 年是 Stan Shubel 晚年最後一次在世界孔雀魚協會的賽事露臉

左起 Joe Mason, Stephen Elliott, Stan, Hermann M., Jack Schendowich, Gary Mousseau

領獎後與 2015 年主辦人合影，左起 Stan Shubel , Ethel Shubel, Joe Mason, Liz Mason

美國孔雀魚界三大孔雀魚巨頭，左起 Stan Shubel, Luis Tamarelle, Gary Mousseau

的終生裁判長。除了在飼養孔雀魚有著卓越的成就，Stan 還著了兩本關於孔雀魚的書 “The Proper Care of Guppies” 和 “Aquarium Care of Guppies”。Stan 和妻子 Ethel 一生致力推廣飼養孔雀魚，不吝的與晚輩分享養殖經驗，並成功把美國飼養孔雀魚的風氣推到最頂峰。2015 年 9 月佛羅里達州孔雀魚協會藉著舉辦第 18 屆世界盃，頒發了 “終身成就獎” 給 Stan Shubel 老先生，以表揚他對孔雀魚的貢獻。2018 年 6 月 30 日，Stan Shubel 壽終正寢，享年 84 歲，傳奇的人生一路走來，留下遺孀 Ethe、l6 名孩子、12 名孫子、13 名曾孫，還有他無限的孔雀魚知識！

這篇文章，特意向孔雀魚屆的一顆隕落的星星 --- Stan Shubel 老先生致敬！希望他的孔雀魚精神，能夠持續的延續下去！

比賽專訪

文：林安鐸（Andrew Lim） 圖：Ralf Loch

# 加拿大柏靈頓比賽

## Burlington, Canada 2018

加拿大孔雀魚協會（Trans Canada Guppy Group）成立於 2016 年 4 月。其宗旨為幫助會員們飼養高品質的孔雀魚。此協會也是 IKGH 和加拿大水族公會（Canadian Association of Aquarium Clubs）屬下的合法團體之一。自成立以來，都會在每年水族公會所舉辦的年會中舉辦比賽或展示。

此篇收錄了 2018 年於安大略省柏靈頓市舉辦的小型比賽的部分參賽魚。這是該協 會第一次舉辦國際賽，此賽事吸引了近 100 對參賽魚前往參賽。並有來自美國資深孔雀魚玩家 Bryan Chin 受邀演講。

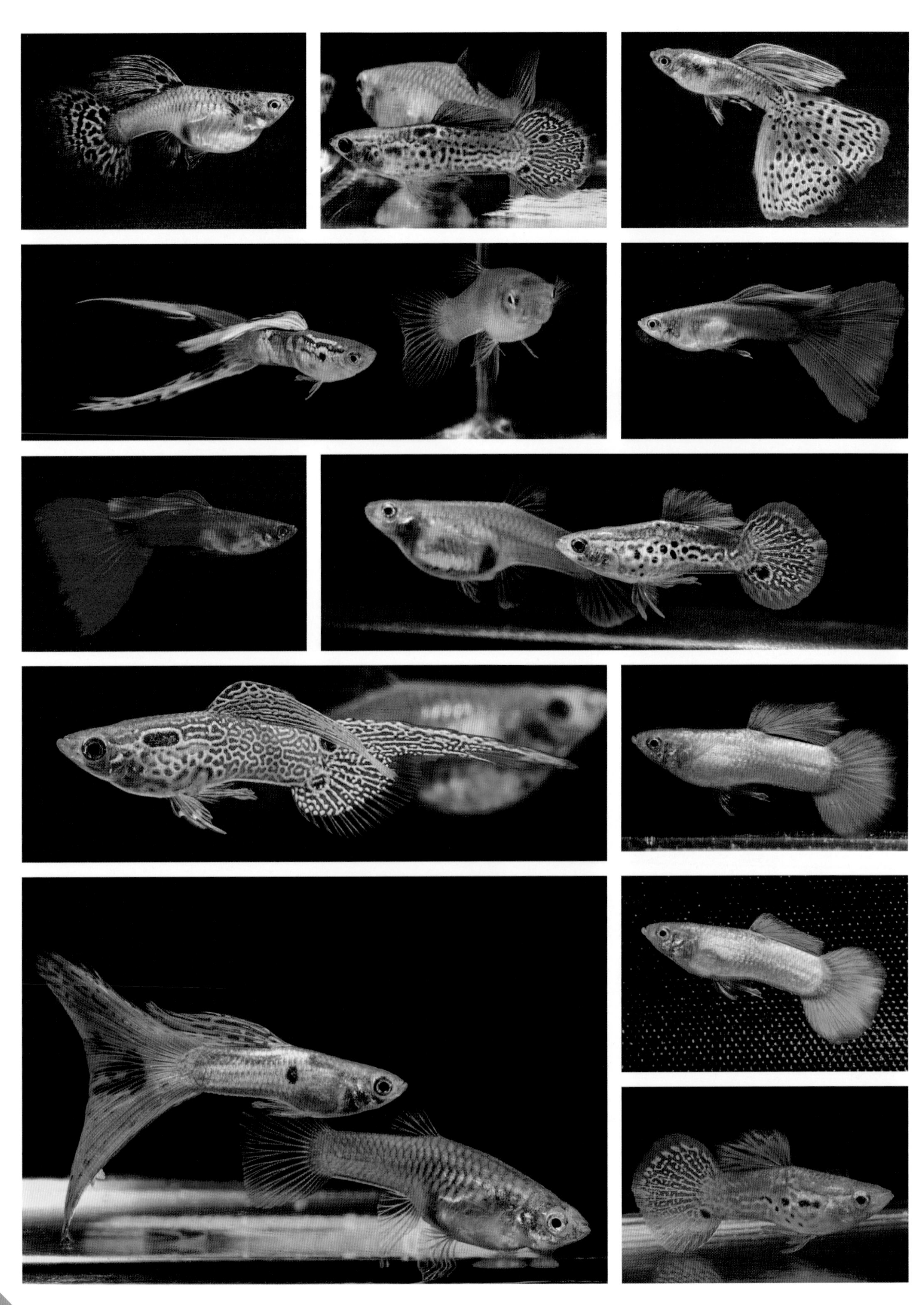

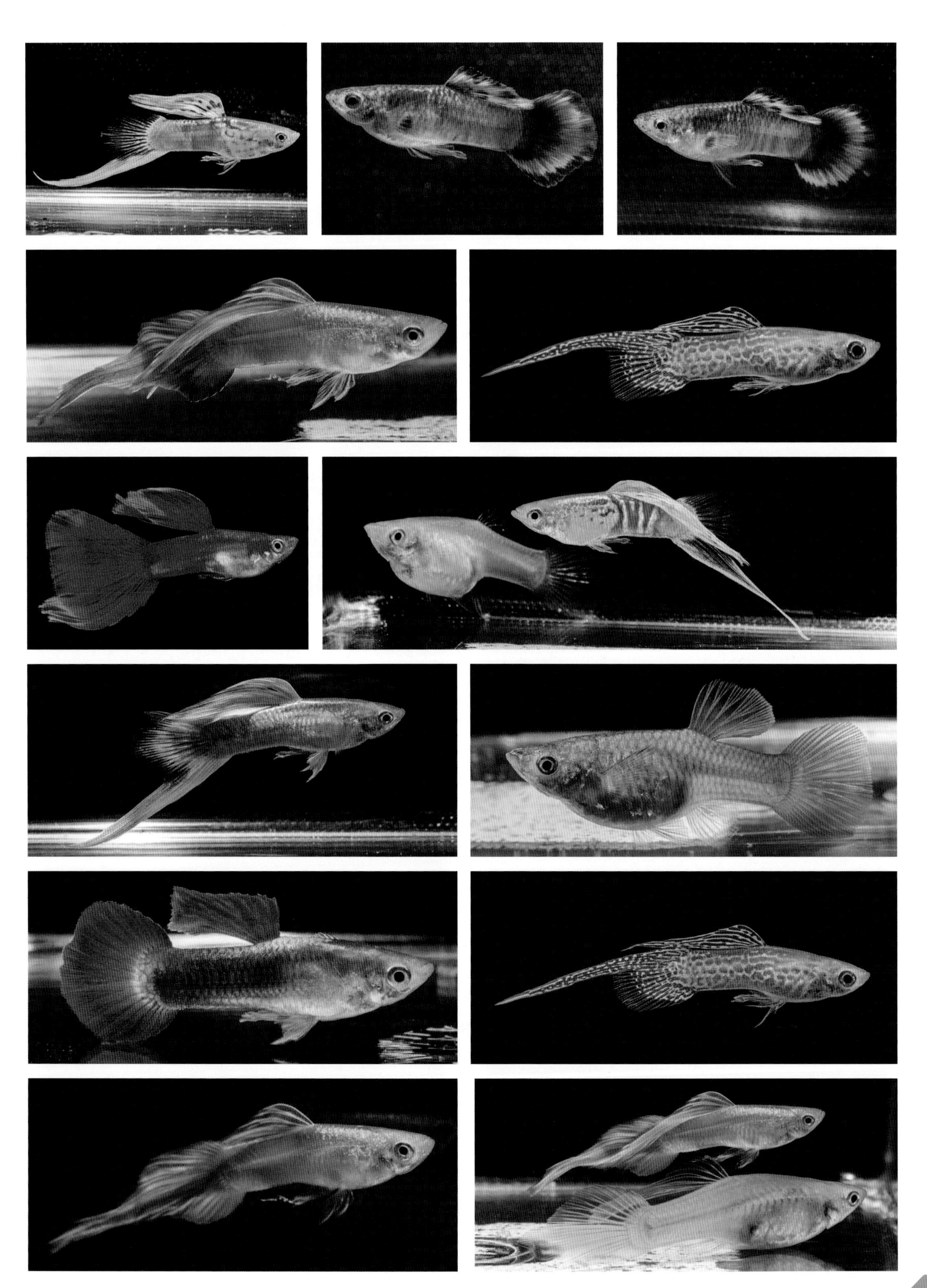

# 2018 Aquarama 世界孔雀魚大賽

圖：蔡勁　協力：廣東省水族協會孔雀魚分會

全場總冠軍
2018 年 8 月 22~25 日，Aquarama 世界孔雀魚冠軍挑戰賽在上海新國際博覽中心舉行，來自世界各地的孔雀魚同場比賽，最終台灣選手獲得全場總冠軍。


## 2018 Aquarama 世界孔雀魚冠軍挑戰賽成績表

| | 冠軍 | | 亞軍 | | 季軍 | |
|---|---|---|---|---|---|---|
| 01 禮服組 | 藍禮服 | 小騏 Guppy<br>中國 | 紅禮服 | Dream<br>中國 | 黃禮服 | Dream<br>中國 |
| 02 單色組 | 莫斯科藍 | 楊蕻璋<br>馬來西亞 | 莫斯科藍 | TOF 廖嘉申<br>中國 | 藍孔雀 | 陳熙元<br>台灣 |
| 03 白子素色組 | 藍禮服白子 | 鍾景翔<br>台灣 | 莫斯科藍白子 | 威廉<br>印尼 | 全紅白子 | 黃冠之<br>台灣 |
| 04 蛇紋組 | 黃蛇紋 | 譚志誠<br>馬來西亞 | 紅蕾絲 | Desmond Hoh<br>馬來西亞 | 黃蛇紋 | 薔薔酉漁<br>中國 |
| 05 草尾組 | 藍草尾 | 許華保<br>中國 | 藍草尾 | 楊蕻璋<br>馬來西亞 | 藍草尾 | Dream<br>中國 |
| 06 馬賽克組 | 藍馬賽克 | 陳志雄<br>馬來西亞 | 紅馬賽克 | 陳志雄<br>馬來西亞 | 藍馬賽克 | 崔學初<br>中國 |
| 07 白子花紋組 | 蛇王白子 | 譚志誠<br>馬來西亞 | 紅蕾絲白子 | 楊蕻璋<br>馬來西亞 | 紅蕾絲白子 | LC Kai<br>馬來西亞 |
| 08 劍尾組 | 黃蕾絲頂劍 | 蔡銘宏<br>台灣 | 黃化維也納底劍 | 張雲傑<br>中國 | 紅底劍 | 吳杰<br>中國 |
| 09 長鰭組 | 藍白緞帶 | 蔡銘宏<br>台灣 | 藍草緞帶 | TOF 毛微昕<br>中國 | 全紅緞帶 | 戰鷹<br>中國 |
| 10 短尾組 | 紅蕾絲小圓尾 | 孫斌<br>中國 | 黃化矛尾 | Wesley Dram<br>美國 | 半禮服矛尾 | 張雲傑<br>中國 |
| 11 特殊尾型組 | 藍白冠尾 | 包雪峰<br>中國 | 紅禮服白子冠尾 | 吉爾佶<br>中國 | 藍白冠尾 | Dream<br>中國 |
| 12 綜合組 AOC | 金屬蕾絲 | 劉怡南<br>中國 | 蛇王紅尾 | Dream<br>中國 | 日本藍紅尾 | 陳昌祥<br>香港 |

## 三角尾禮服組

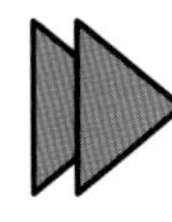

## 三角尾單色組

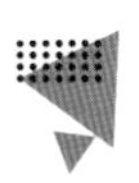

## 三角尾白子素色組

## 三角尾蛇紋組

## 三角尾草尾組

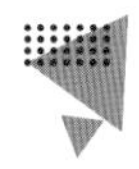

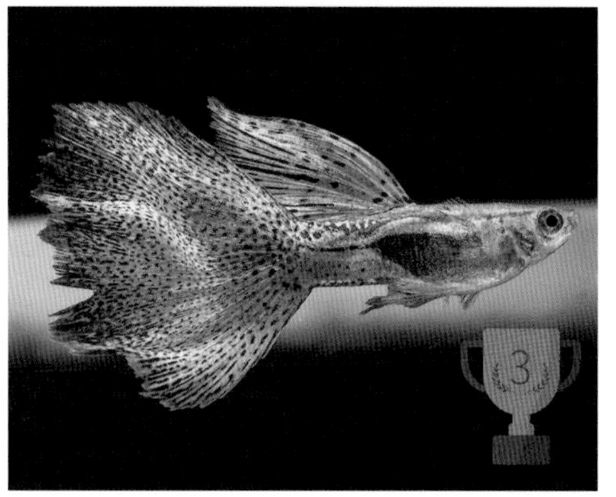

## 三角尾馬賽克組

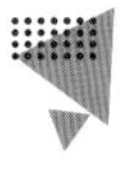

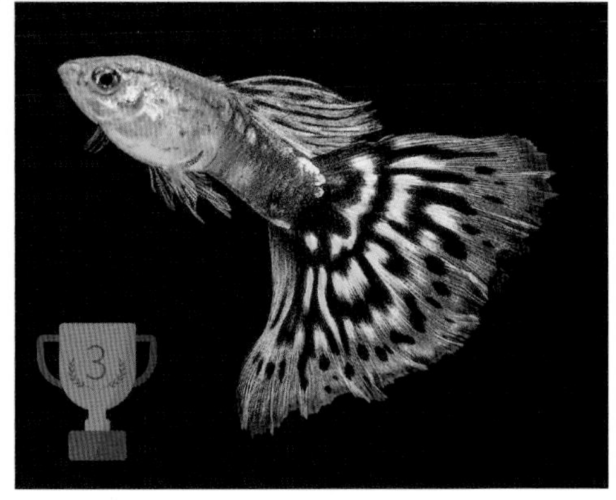

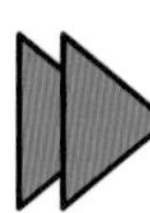
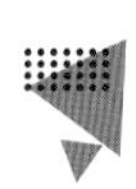

## 白子花紋組

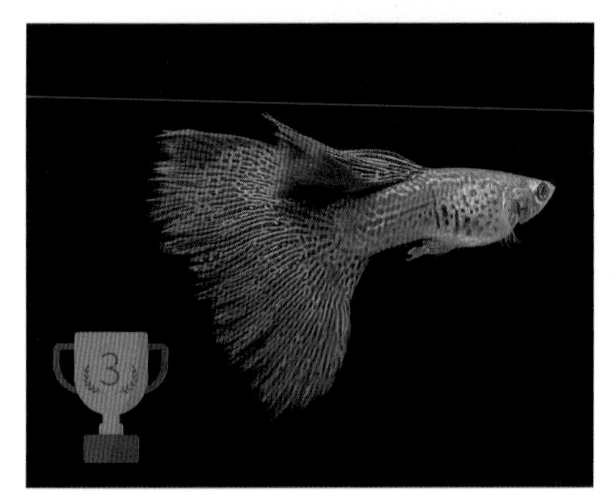

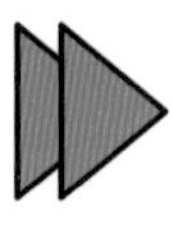
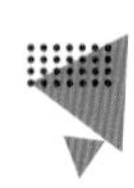

## 劍尾組

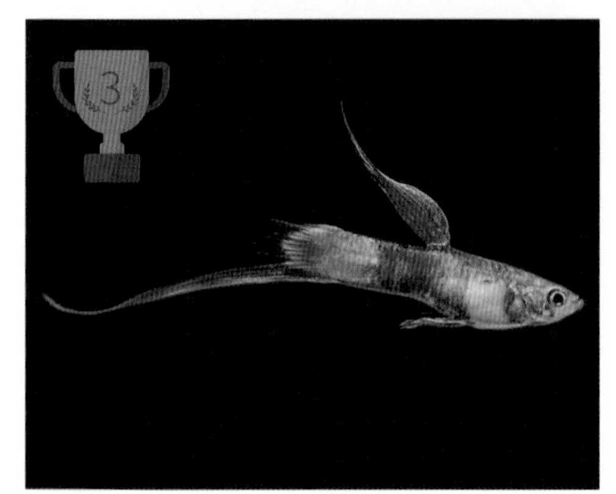


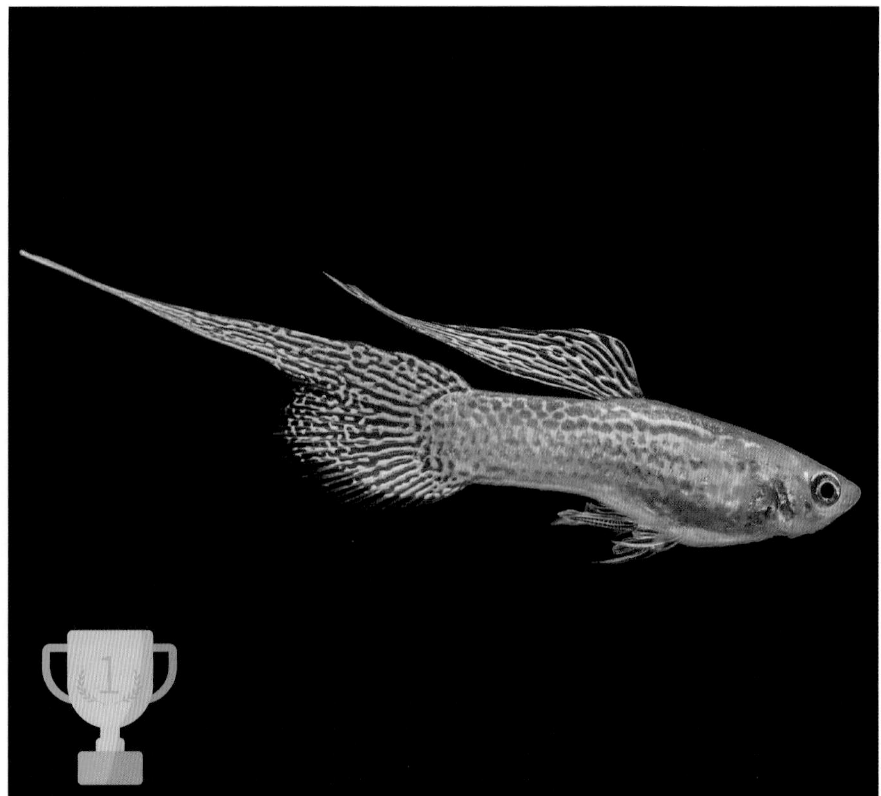

## 長鰭組

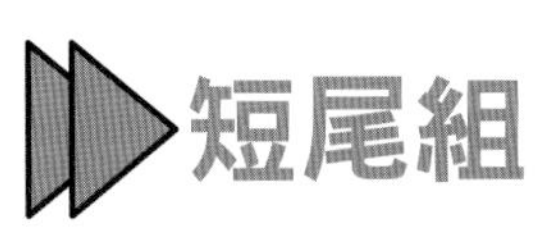

## 短尾組

## 特殊尾形組

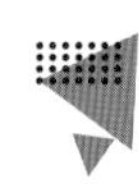

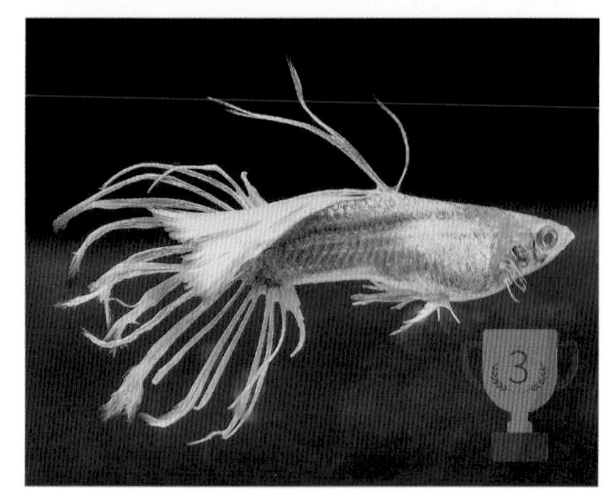

## AOC 綜合組

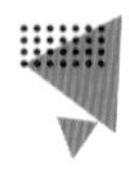

# 德國玩家專訪 Ralf Loch

文：林安鐸 Andrew Lim　圖：Ralf Loch

Ralf Loch，今年 53 歲，住在德國科隆市附近的小鎮。

1994 年開始繁殖純品系孔雀魚，1997 年開始成為歐洲孔雀魚評審至今。

2016 年曾經到馬來西亞檳城擔任亞洲比賽的評審。

目前繁殖短尾類居多，並多次獲得 IKGH 圓尾組的獎項。

除此之外，Ralf 也是業餘的觀賞魚攝影師，大多數歐洲的比賽都會邀請他當攝影師。

Ralf 也是 IKGH 比賽評分制的軟件開發者，歐洲多場比賽都由他來當評分軟体的技術顧問。

12 歲那年接觸孔雀魚，那時候只有一個缸子，喜歡上某種魚就會買回家混養。後來越養越多，就開始把孔雀魚分開來養。那年代資訊貧乏，更沒有網路，只能靠自己的摸索和從書本中尋找一些對自己有幫助的資料。那個時候在他住的城鎮也沒有所謂的比賽或展覽，所以 Ralf 一開始養孔雀魚的路上是滿孤單的。

直到 1994 年，他在無意間參加了聖奧古斯丁（Sankt Augustin）一個當地的孔雀魚俱樂部的聚會。他從這個俱樂部中不定期的聚會得到了很多前輩的指點，也開始了他養殖純品系孔雀魚的旅程！

90 年代末，他參加了生平的第一場孔雀魚比賽。那一場比賽在柏林舉行，並一舉奪下多個獎項。之後，醉心於攝影的他覺得每一場比賽過後，需要有個專業的攝影師把比賽魚的倩影留下，於是，他毛遂自薦的成為比賽的攝影師，由於作品拍得好，他的作品也常常被刊於德國的水族雜誌上。

Ralf 非常享受養殖孔雀魚的過程，每當有俱樂部的聚會，他都會出席，並把自己多出來的魚種拿到俱樂部跟其他會員交換。之後，他也學習更了解孔雀魚的基因庫，並學習自己改魚。目前他擁有 20 缸，還有一些專門置放小魚的 7 公升箱子。

Ralf 目前最喜歡的品系是圓尾，他一開始養孔雀魚的時候就是從紅蕾絲小圓尾開始，目前也有黃蕾絲小圓尾、全紅白子、維也納綠寶石雙。近年來他也愛上了亞洲品系例如冠尾和緞帶。

本刊有幸得到 Ralf 的允許，把他在歐美三場比賽拍的魚照片跟讀者分享！

這三場比賽分別是：

1. Trans Canada Guppy Group Show in Burlington 2018（2018 年加拿大柏林頓孔雀魚比賽）
2. Hasselt 第二屆洲際杯孔雀魚挑戰賽 2018
3. Hasselt 第一屆洲際杯孔雀魚挑戰賽 2017

瑪姜塔矛尾

玩家專訪

# 潮州是一座中国的南方古城

## 蔡可平

幾十年前，每年夏天，街邊一個跛腳老頭，就開始販賣各種小動物、蟬、蠶、蟋蟀、金魚、紅劍、孔雀魚…品種繁多。來買小寵物的人絡繹不絕。那時候沒有購物袋，買的小魚怎麼拿回家？是用長長的竹葉，捲成一個容器，捧在手裡，把小魚帶回家。

我從讀幼稚園開始，就跟好朋友一起養孔雀魚。那個時候，沒有玻璃缸，養魚用的是南方種蓮花的大水缸，看魚只能蹲在魚缸邊，從水面看，孔雀魚給我的印象，跟食蚊魚差不多，公魚尾巴比較大，色彩鮮豔。所以現在偶爾從水面看魚，會有一種熟悉的感覺。

小時候我們總共養了三、四缸魚，每天放學就去市郊的水池撈水蚤餵魚，現在就算開車十幾公里去到農村郊外，也很難找到水蚤了。那時候的中國，物質貧乏，為了給小魚開口，我們用省下來的雞蛋黃，混麵粉蒸熟、曬乾，再用刀片刮粉末喂小魚。有一次，朋友的姐姐在餅乾廠工作，利用職務之便，偷偷給我們做了魚食，我們餵魚之後卻發生了悲劇，幾缸魚都翻了肚子，那時並不懂原因（據說是飼料裡面放了太多蘇打粉），兩個人傷心了好幾天。

小時候養孔雀魚的趣事，一直留存心底。這種興趣愛好，像種子一樣，一旦有合適的條件，便會生根發芽。

小時候就是用這種大花盆來養魚，現在看到這種大花盆也會有一種莫名的感動

瑪姜塔矛尾

黃化維也納底劍

金屬豹紋小圓尾

三點白

螢光綠紅雙劍

後來的生活裡，孔雀魚一直斷斷續續的沒有離開過，有時候是辦公桌上的小魚缸裡，有時是陽台上的幾個小瓶子裡，養的都是魚店裡面 3.5 元人民幣一對買回來的商品魚。直到網絡普及，才開始在網絡論壇上接觸到品系孔雀魚，如饑似渴的在論壇上看各種養殖文章。這時候生活也開始穩定，不用東奔西走，於是就開始了養育品系孔雀魚之旅。第一次看到黃禮服實魚，黑腰、白尾、白背，顏色厚實、黑白分明、游姿矯健，驚為天人。真正的繁殖品系孔雀魚，是從 2 對半禮服馬賽克開始。規模從一個缸一個缸的加，到六個組缸，到租一個魚房，九組系統缸，一直到廈門接手一個魚場。品種從馬賽克、藍草、黃禮服等三角尾到雙劍、矛尾、小圓尾等各種特殊尾。從網上買魚，到玩家交流，到參加各種國內外比賽，結交各地玩家朋友。孔雀魚之路不斷前行。那時的理想，是想把自己的愛好做成事業。

後來由於各種原因，廈門魚場轉手，回到潮州，在小時候度過的祖屋，修了一間魚房，重拾愛好，祖屋就坐落於潮州古城，嶺南古民居甲第坊之內。

在我心裡，孔雀魚之美，沒有品系之分，只要顏色厚實、體型勻稱、游姿矯健，我便喜歡。後來，我加入了廣東水族協會孔雀魚分會並擔任副會長一職。加入協會之

魚房外景

魚房內有三座木制的支座系統缸

潮州人愛喝茶，魚房 少不了一個讓魚友喝茶聊天的地方

蔡可平（左二）于 2014 年天津世界盃和頒獎人合影

2014 年首次在中國擔任評審

2015 年天津龍魂杯與裁判們合影

後，也參加了國內外的各種孔雀魚比賽，跟一幫玩家朋友聚會交流，順便到各地遊覽，也是人生一大樂事。到目前為止，我去過了菲律賓的馬尼拉、馬來西亞檳城和新山、印尼日惹當過國際評審，並協助國內魚友帶比賽魚過去當地比賽。

未來希望能結識更多有共同愛好的朋友，也希望能夠擁有更多漂亮的孔雀魚，並且希望可以改一些自己喜歡的品系，成為自己甚至是中國的代表魚種，讓孔雀魚的飼養風氣繼續在國內發揚光大！

法蘭星八弦尾

波蘭玩家專訪

# Jacek Ambrożkiewicz

文：林安鐸 Andrew Lim　圖：Waldemar Kołecki、Denis Barbé

Jacek 1991 年出生在波蘭東部的小鎮 Puławy，目前居住在只有 12,000 人口的都市 Nowa Dęba。這個小都市被 Sandomierz Forest 包圍著，所以也有波蘭叢林都市的雅號。10 歲時的 Jacek 常常在放學回家時會經過一家水族館，每當靠近這家店的時候，他一定會放慢腳步，即便知道遲回家會被媽媽罵，他還是會佇立在水族館外的玻璃窗，細心觀看那一隻隻暢游在水族箱內的孔雀魚。從小 Jacek 就非常喜歡小動物，但是自從這家水族館外設立了幾座孔雀魚水草缸之後，水族活體尤其是孔雀魚立馬成為了他心中的最愛。那時候還小，家裏也沒有給多餘的零用錢，所以這份喜愛一直藏在心裏，但是卻常常會拿出來跟家人和同學分享，不過換來的卻是冷嘲熱諷，家人說養魚是退休後的娛樂，這時候的年齡應該找一份可以把愛好換成金錢的嗜好，才是上上之道。但是這小夥子卻堅持著自己的信念，把這份對孔雀魚的情誼默默收藏在心裏十幾年之後，默默的爆發了！他也證明給當初對他嘲諷的家人和朋友們，當年他們是錯的………

今年 28 歲的 Jacek 目前已經擁有動物學的碩士學位，畢業前也曾經在波蘭動物研究中心的魚病研究所上過班。目前當然也是一位專業的孔雀魚玩家和繁殖家，更是

IKGH 的認證裁判。這一切的成就，其實並不是偶然，而是他堅持了十幾年的信念和鍥而不捨的精神而造就了今日的他。

關於孔雀魚，Jacek 認為這幾年來，他得到的，遠遠超越養魚所給於他的成就感，以下是他的一些心得：

**關於旅行：**

懂得感恩的 Jacek 非常感謝孔雀魚，賜予了他第一份工作，這份工作跟觀賞魚有關。當然，喜愛旅行的他更喜歡參與各種孔雀魚的活動和比賽。從孔雀魚之旅當中，他必然多抽出幾天時間去體驗和感受當地的人文和文化。目前托孔雀魚的福，他去過了德國、英國、比利時、斯洛伐克、奧地利、意大利、丹麥和保加利亞。3 年前甚至衝出歐洲前往美國佛羅里達州的世界盃孔雀魚大賽擔任評審。對他來說，每一場比賽都是一種新的挑戰和體驗。在維也納街頭購物、在特拉斯登觀看二戰紀念碑、在佛羅里達州遙望海景，這都是孔雀魚比賽所帶給他的樂趣。

**語言：**

在封閉的共產國家長大的 Jacek 的母語是波蘭語，學校並沒有機會學習英語，好學不倦的他於是自修英語，並在閑暇時間爭取用英語和外國人交流。

也因為孔雀魚的關係，他在國小學習到的德語也派上了用場，每一次到德語系國家參加比賽他都會用德語和當地玩家溝通。目前他的英語可說是東歐玩家當中，我見過最通暢流利的一位

**朋友：**

文章開頭提到當年在學校中對他因為喜歡養魚而冷嘲熱諷的朋友，他很慶幸在這幾年的養魚生涯當中，他找到了因為共同嗜好而走在一起的好朋友。當然，這些話題並不會永遠都圍繞著孔雀魚，他們會因為孔雀魚然後把活體都牽扯到更廣闊的領域，例如家庭、事業、對未來的規劃等等。

**孔雀魚：**

對 Jacek 而言，要在波蘭取得國外的孔雀魚不是一件容易的事情。小時候，他常常幻想可以得到日本或美國的魚種。不過由於進口的種種限制，他要等到最近幾年才開始會跟國外魚友交換魚種。所以他特別期待歐洲的各種賽事，尤其是有國外魚友或評審參與的比賽，那就表示會有國外的魚種進入了歐洲的賽場，並可以在比賽後進行拍賣，這是他目前獲取國外魚種的方式。除此之外，他也會趁著比賽之便，去拜訪住在附近的魚友，並參觀他們的魚室，一起交流和互換魚種，這是他保持自己魚室基因庫歷久不衰的原因之一。

**魚室：**

目前 Jacek 的魚室有 24 個缸子，每個缸子為 80x40x40 cm。Jacek 比較注重的魚的體型和尾型。

過去幾年他都專注在維也納綠寶石底劍的培育，也憑此品系得過不少獎項並引以為榮。去年他向德國玩家 Tobias Bernsee 手中獲得了半禮服馬賽克並馬上愛上了此品系。雖然知道紋路系的馬賽克不容易維持，不過他還是堅持到現在。去年他在歐洲孔雀魚積分賽中的三角尾組得到了第三名的優異成績。

2018 年 11 月，Jacek 因為工作的關係而搬遷到另一個波蘭城市。而新的魚室則目前還在規劃和重建中。目前他會在下班後花一些時間去配管和整頓新的魚室，並希望可以在今年夏天來臨之前完工。新魚室的設備將會比之前的完善，並增添了自動換水的溢流系統。將來他打算每個周六到魚室做一次每週的大換水和清洗魚缸的動作，並把周日留給家人和女朋友。我們期待 Jacek 在未來可以創造出更多的代表作，並祝福他在各個賽場都有顯赫的成績！

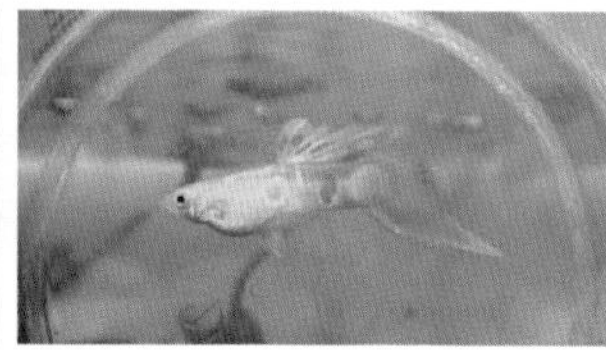

# 小兵立大功

■ 魚種協力拍攝：李濟臺 / 蘇耀龍 ■ photo and text by : Nathan Chiang/ 蔣孝明

為何叫小兵立大功的孔雀？在台灣本土的孔雀魚生產、銷售型態不外乎分為小型工作室，再擴大規模點堪稱室內的繁殖場、戶外養殖場…等大小規模不一。每種繁、養殖規模所生產的品系各有依歸與想法，有的是專養為比賽，有的是以外銷為“錢 ”途（畢竟魚場每月固定產生的費用也是一筆開銷），這類型的魚場或魚室生產就會著重在品系上，相對品種價格就會“偏高 ”。但，當然繁殖者累代的系統改良、固定品系這當中的努力與辛苦非外人可道矣，做出質優的孔雀魚品系換來相對合理的價格，在想，用“偏高 ”兩個字來形容是有點哈不盡情理囉。

另一種思維，不是那種大三角尾、大尾的傳統孔雀異軍突起，體型小不拉基，體色五彩繽紛的如安德拉斯系列、底劍、雙劍系統…在市場上以極親民的價格、艷麗的體色博得許多孔雀新手當作入門的魚種，更甚至是從未養過孔雀魚的消費者也能輕易入手開啟孔雀魚世界之門！站在繁殖場、工作室、魚場的角度來看，這些價格親民、質優色艷的孔雀各品系隻數可輕鬆銷售少則數百，多則上千的銷售量，先不談賺不賺，但至少基本的開銷費用也有基本銷售收入來充數。這些型小的孔雀入手通常會有一定的數量，尤其放在水草佈景的缸中永遠是數大就是美！以下就是我們製作單位收錄來自屏東親民的魚種，小小的精靈、五顏六色絢麗色彩，拍攝時眼都花了，但飼養時的繽紛將是不褪色的色彩……

銀河斑馬

銀河斑馬

銀河斑馬

銀河斑馬

彩虹安德拉斯

彩虹安德拉斯

大斜斑

法蘭星

法蘭星

法蘭星

超紅安德拉斯

超紅安德拉斯

白金矛尾

維也納綠寶石底劍

白金矛尾

銀河矛尾 _right

銀河矛尾 _left

藍化體熊貓（藍色圓舞曲）

單頂紅尾

日本藍蕾斯雙劍

白金日本藍劍尾

巴西紅扇

白金日本藍紅劍尾

白金日本藍紅劍尾

紅斑馬

法藍星

紅瑪姜塔

白化體瑪姜塔

金艾爾

祖母綠

金艾爾

馬鞍矛尾

馬鞍矛尾

馬鞍矛尾（半禮服矛尾）

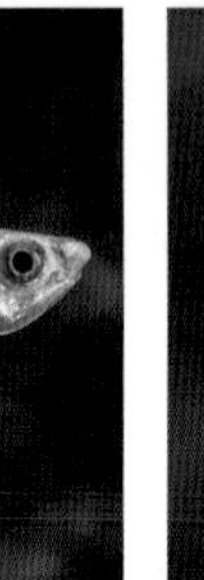

艾爾虎

艾爾虎

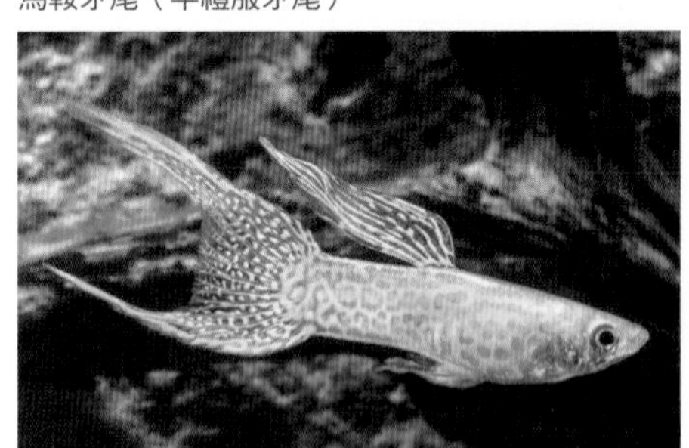

黃化蕾斯雙劍

象耳朵紅尾

象耳朵紅尾

綠精靈（聖誕紅精靈）

綠精靈（聖誕紅精靈）

綠精靈（聖誕紅精靈）

綠精靈（聖誕紅精靈）

蕾斯頂劍

艾爾銀蕾斯

蕾斯圓尾

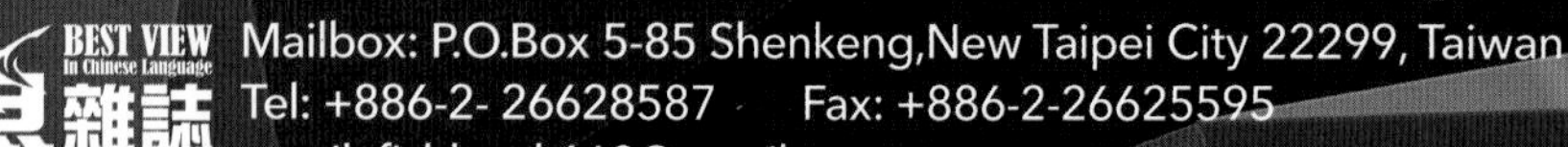

BEST VIEW 魚雜誌
Mailbox: P.O.Box 5-85 Shenkeng,New Taipei City 22299, Taiwan
Tel: +886-2- 26628587　Fax: +886-2-26625595
email: fishbook168@gmail.com
魚雜誌社Fish Magazine TW

水 族 世 界　有 鱼 择 邻

龙巅鱼邻

——观赏鱼交流APP，

赶快来下载，与鱼友一起交流吧！

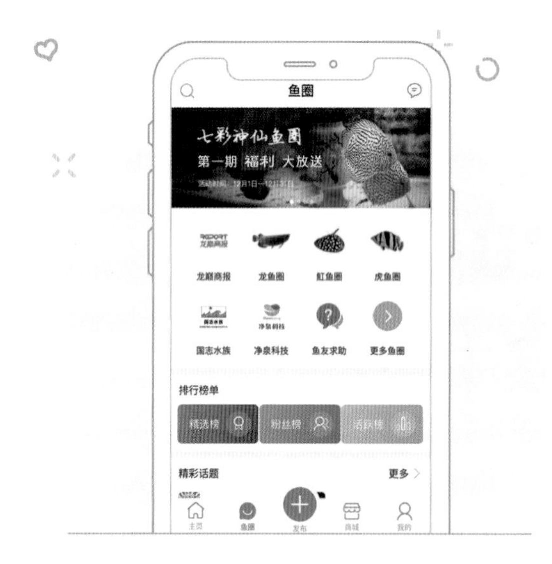

汇聚龙虎魟鱼等18类观赏鱼，随时随地交流养鱼技巧，发现身边的养鱼达人。

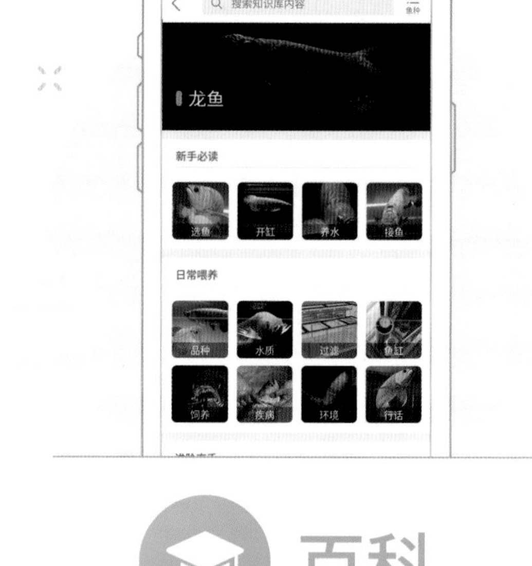

集聚业内权威玩家及水族参考文献，为鱼友提供全面、详细、丰富的养鱼基础知识。

水族商家云集，周周折扣、拼团、秒杀等花样活动带你嗨翻全场，乐享购物狂欢。

零距离大咖互动，更有连麦、打赏、拍卖、直播店铺等功能助阵，为鱼友提供多样化的直播体验。

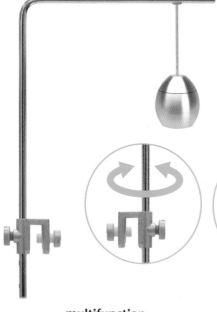

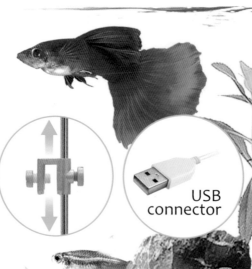